既有大型公共建筑用能系统高效运营管理技术指南

朱能　主编

赵靖　丁研　曹勇　孙春华　杨宾　副主编

图书在版编目(CIP)数据

既有大型公共建筑用能系统高效运营管理技术指南 / 朱能主编. — 天津: 天津大学出版社, 2020.3

ISBN 978-7-5618-6573-6

Ⅰ. ①既… Ⅱ. ①朱… Ⅲ. ①公共建筑 - 大型建设项目 - 节能 - 运营管理 - 指南 Ⅳ. ①TU242 - 62

中国版本图书馆 CIP 数据核字(2019)第 272019 号

Jiyou Daxing Gonggong Jianzhu Yongneng Xitong Gaoxiao Yunying Guanli Jishu Zhinan

出版发行	天津大学出版社
地　　址	天津市卫津路 92 号天津大学内(邮编:300072)
电　　话	发行部:022-27403647
网　　址	www. tjupress. com. cn
印　　刷	廊坊市海涛印刷有限公司
经　　销	全国各地新华书店
开　　本	185mm × 260mm
印　　张	11.5
字　　数	287 千
版　　次	2020 年 3 月第 1 版
印　　次	2020 年 3 月第 1 次
定　　价	55.00 元

既有公共建筑综合性能提升与改造关键技术系列丛书总序

当前，我国城市发展逐步由大规模建设转向建设与管理并重发展阶段，既有建筑改造与城市更新已然成为重塑城市活力、推动城市建设绿色发展的重要途径。截至2016年12月，我国既有建筑面积约630亿m^2，其中既有公共建筑面积达115亿m^2。受建筑建设时期技术水平与经济条件等因素制约，一定数量的既有公共建筑已进入功能退化期，对其进行不合理的拆除将造成社会资源的极大浪费。近年来，我国在城市更新保护、既有建筑加固改造等方面发布了一系列政策，进一步推动了既有建筑的改造工作。2014年3月，中共中央、国务院发布《国家新型城镇化规划(2014—2020年)》提出改造提升中心城区功能，推动新型城市建设，按照改造更新与保护修复并重的要求，健全旧城改造机制，优化提升旧城功能。2016年2月，中共中央、国务院发布《关于进一步加强城市规划建设管理工作的若干意见》，要求有序实施城市修补和有机更新，解决老城区环境品质下降、空间秩序混乱等问题，通过维护加固老建筑等措施，恢复老城区功能和活力。

与既有居住建筑相比，既有公共建筑在建筑形式、结构体系以及能源利用系统等方面具有多样性和复杂性，建设年代较早的既有公共建筑普遍存在综合防灾能力低、室内环境质量差、使用功能有待提升等方面的问题，这对既有公共建筑改造提出了更高的要求，从节能改造、绿色改造逐步上升至基于更高目标的"能效、环境、安全"综合性能提升为导向的综合改造。既有公共建筑综合性能包括建筑安全、建筑环境和建筑能效等方面的建筑整体性能，综合性能改造必须摸清不同类型既有公共建筑现状，明晰既有公共建筑综合性能水平，制定既有公共建筑综合性能改造目标与路线图，构建既有公共建筑改造技术体系，从政策研究、技术开发和示范应用等多个层面提供支撑。

在此背景下，科学技术部于2016年正式立项"十三五"国家重点研发计划项目"既有公共建筑综合性能提升与改造关键技术"(项目编号：2016YFC0700700)。该项目面向既有公共建筑改造的实际需求，结合社会经济、设计理念和技术水平发展的新形势，基于更高目标，依次按照“路线与标准”“性能提升关键技术”“监测与运营”“集成与示范”四个递进层面，重点从既有公共建筑综合性能提升与改造实施路线与标准体系，建筑能效、环境、防灾等综合性能提升与监测运营管理等方面开展关键技术研究，形成技术集成体系并进行工程示范。

通过项目的实施，预期实现既有公共建筑综合性能提升与改造的关键技术突破和产品创新，为下一步开展既有公共建筑规模化综合改造提供科技引领和技术支撑，进一步增强我国既有公共建筑综合性能提升与改造的产业核心竞争力，推动其规模化发展。

为促进项目成果的交流、扩散和落地应用，项目组组织编撰既有公共建筑综合性能提升与改造关键技术系列丛书，内容涵盖政策研究、技术集成、案例汇编等方面，并根据项目实施进度陆续出版。相信本系列丛书的出版将会进一步推动我国既有公共建筑改造事业的健康发展，为我国建筑业高质量发展做出应有贡献。

王俊

“既有公共建筑综合性能提升与改造关键技术”项目负责人

前 言

在我国,公共建筑占有相当大的比例,而既有公共建筑又是公共建筑中数量相当大的部分。既有大型公共建筑既是一个地区的标志和符号,又是历史、文化和建筑美学的体现,对一个地区或者一座城市有着重要作用和影响。当前,我国既有公共建筑面积巨大,且多数既有公建都存在着建筑本身性能差、运行能耗高、内部环境状况差等缺点,建筑内部各种各样的设备都存在或多或少的问题;除了建筑本身的原因以外,很多既有公共建筑都在运行和管理方面存在严重的不足。这些问题成为当前及未来一段时间的建筑节能工作重点,也是关注的重点。之前采用的改造技术,性能提升,的确解决了很多问题。然而常规的改装技术投入的成本和回报不匹配,即高成本、低回报,限制了既有公共建筑改造进程,也不符合当前的经济条件。业主单位对投入成本和改造效果预期不明确,这种情况一定程度上阻碍了既有公共建筑的节能工作。开发出低成本的既有公共建筑节能改造工作,符合当前国家的需求,也与当前我国的经济条件吻合。

建筑调适(Commissioning,简称 Cx),作为一个并不新颖的概念,已经存在相当长的时间。建筑调适的目的是使建筑系统符合业主需求和设计师的意图,是一个系统性的长期过程。建筑调适的范围由最初的单一目标,逐渐延伸到建筑各个系统设备的性能以及各个系统之间的相互作用,跨越整个工程项目周期。而对于既有公共建筑的调适,既简单又复杂。简单是因为不用考虑建筑在设计阶段、施工阶段以及前期运行阶段的各类事项;然而,正是由于未考虑这些阶段,才使得既有公共建筑的调适在后期变得更加复杂。所以,传统的既有公共建筑调适,虽然在调适结束后可以取得比较好的效果,达到预期目标,但是相对来说投入的成本较高,并不是所有业主单位都能担负。

低成本既有公共建筑调适技术的迅速发展,使得建筑调适技术越来越受到关注,其应用也越来越广泛。既有公共建筑低成本调适,是指基于对整个建筑及各个系统的充分检测,充分利用建筑所具有的各种条件,在尽可能降低成本的前提下,对出现问题的建筑物和内部系统进行调适,以达到预期目标,降低建筑能耗,提高建筑系统能效;经过调适后,配合相应的运营管理技术,在建筑整个运行期间都能保持高能效、低能耗运行。本书以“十三五”重点研发课题“既有大型公共建筑低成本调适及运营管理关键技术研究”为背景,对既有公共建筑低成本调适技术进行了大量研究，总结和提炼了几大类既有公共建筑低成本调适技术，主要体现在暖通空调系统、给水系统、电气与照明系统等方面，辅以高效的运营管理技术，并将这些技术应用在各类建筑示范工程中进行检验，达到了良好的预期效果。为了更好地将相关技术和项目成果进行推广宣传，加强技术交流，课题组决定组织出版本书——《既有大型公共建筑用能系统高效运营管理技术指南》。本书主要针对既有公共建筑低成本调适技术和高效运营管理技术在相关建筑系统上的应用，对相关经验技术进行归纳总结，并介绍了相关技术应用的案例，以便行业内外的广大读者能够更深刻地理解技术的应用范围、条件和目标。

本书由天津大学朱能教授担任主编，来自天津大学、中国建筑科学研究院、河北工业大学和清华大学的专家及课题参与者共同编写完成。全书总共分为10章。其中第1章到第4章由天津大学环境科学与工程学院丁研老师和中国建筑科学研究院曹勇主任编写；第5章到第7章由天津大学环境科学与工程学院赵靖老师、河北工业大学能源与环境工程学院杨宾老师和中国建筑科学研究院曹勇主任编写；第8章到第10章由天津大学环境科学与工程学院朱能老师，河北工业大学能源与环境工程学院孙春华、杨宾老师和中国建筑科学研究院曹勇主任编写。参与本书编写的还有天津大学的博士研究生李翼然、张帅、杨昆和种道坤，天津大学硕士研究生王智垚、王大全、李沛霖、刘光谱、李佳玉、杜亚慧、温家鑫、付蔚然和于浩冉。

由于编写时间仓促，编者水平有限，疏漏和不足之处在所难免，敬请广大读者和相关专业人士批评指正。

本书编委会

2019年10月15日

目　录

第1章　概　　述

1.1　公共建筑用能系统概况

1.1.1　公共建筑能耗现状

我国现有的建筑面积已接近 $7\times10^{10}\ m^2$，建筑总能耗占到了全国总能耗的30%～40%。随着我国城市化进程的加深和建筑面积的增加，建筑耗费的资源在全社会耗费的总体资源中占据的比例必然会进一步提高。建筑的能耗需求和使用现状必然会对我国的整体能耗需求和用能特点产生持续而深远的影响。根据目前相关机构的调研情况，我国现有的公共建筑的单位面积能耗是居住建筑的5～10倍。大型公共建筑因其建筑面积相较于普通公共建筑更大，使用功能性相对于普通建筑来说更加复杂全面，容纳的人员更多，对建筑内部环境和运行管理控制的要求更加精准，因而其能源消耗水平也更高。因此，对公共建筑，特别是大型公共建筑的用能系统进行监测和分析，对系统的运行调适和改造进行高效管理，对于公共建筑的节能运行具有重要意义。

大型公共建筑主要包括政府机构办公建筑、商场、写字楼以及星级酒店等。不同地区不同的建筑类型具有不同的用能特点。既有大型公共建筑的用能设备包括暖通空调、照明、插座（办公设备）、给排水、电梯等多个系统。各系统在总能耗中所占的比重由于建筑类型的不同而有较大差异。

随着人民生活水平的提高，人们对环境舒适性的要求也不断提高，所以保证公共建筑舒适的室内环境已成为保证客源一个非常重要的措施。但是由于公共建筑空调等设备系统存在各种设计和运行的问题，目前有近90%的公共建筑属于不同程度的病态建筑，室内的温度、湿度、清洁度或新鲜空气量不能达到使用者的满意值，同时在创造需要的环境的同时，由于设备老旧、系统低效和管理不到位等问题又浪费了大量的能源。所以既有建筑迫切需要及时地进行改造，以改善室内舒适性，降低能耗，提高运行效率。

随着我国城市化进程的不断推进和人民生活水平不断提高，建筑能耗的比例将继续增加，并最终达到35%以上，建筑节能将成为提高全社会能源使用效率的首要任务。建筑节能在推进我国经济社会的可持续发展，建立节约型城市、节约型社会进程中承担着重大责任。从小的方面来看，日趋激烈的商业竞争迫使业主开始重视节能工作。

我国既有大型公共建筑的能耗和国外相比并不高，和发达国家相比基本在同一水平，甚至还要低一些。国外研究机构对公共建筑的节能研究也是近几年才开展起来的，一些诸如设计不合理、调适不完善、运行管理不科学的现象在国外的大型公共建筑中也屡见不鲜。新的设计方法、模拟分析工具、设备系统的调适技术以及提高物业管理的节能手段都是研究的重点。

1.1.2　用能系统分类

公共建筑的用能系统可分为暖通空调、电气和照明、给排水等多个系统。其用能需求可以分为四部分:电力、自来水、天然气和市政热力。

暖通空调系统是公共建筑中营造室内环境的主要系统。建筑内部的环境控制,针对不同功能的建筑和房间需求有不同的要求。对于公共建筑而言,满足人体热舒适是基本要求。同时,保障建筑内部人员和暖通空调自身的新风量以满足人体健康要求;适当的室内空气压力分布以防止室外空气侵入;污染气体的收集与排除以保障室内良好的物理化学环境等,都是公共建筑暖通空调系统应该达到的功能要求。暖通空调系统是公共建筑的主要耗能系统之一,因此成为近年来建筑节能工作的主要对象。

照明可分为利用自然采光的照明和利用人工光源的照明。照明系统是公共建筑的重要组成部分,不仅是现代建筑的重要体现,也是公共建筑主要能耗产生之处和建筑节能工作的重点之一。照明系统是指为建筑主要功能区域提供照明的用电系统,公共建筑照明系统由照明器具及附件系统、配电系统、照明线路和测量保护装置及控制系统组成。

建筑内部给水系统是将城镇给水管网或自备水源给水管网的水引入室内,经配水管网送至生活、生产和消防用水设备,并满足用水点对量、水压和水质要求的冷水供应系统。

不同功能需求的公共建筑其能耗总量和分项能量使用状况间存在不小的差异。因此,了解不同建筑的能源消耗种类并对建筑用能系统进行合理准确的分类,有利于建筑顺利开展能耗监测、运行控制和节能改造工作。

对建筑的室内环境和用能情况进行监测是对建筑进行节能改造的前提条件。虽然我国对建筑内环境和能耗的监测起步不算太晚,但受制于经济状况和社会环境的发展,我国目前的能耗监测平台及监测系统相较于发达国家仍存在差距。我国既有公共建筑监测系统监测指标单一、监测技术水平不高、监测平台集成度低、服务对象不清,导致我国已建成监测平台运行效率低下,数据分析能力不足,多数监测系统“沦为摆设”。参考国外的相关研究以及基于国内对既有建筑的现场测试和诊断结果,既有大型公共建筑普遍存在30%以上的节能潜力,而节能的重点是高耗电的设备系统各环节。既有大型公共建筑节能的途径包括对用能各环节进行测试和诊断、对用能系统进行调适、采用无成本或低成本的节能改造技术以及规范化的管理四个方面。

1.2　公共建筑用能系统的特征

1.2.1　公共建筑能耗监测

公共机构的能耗监测是公共建筑运行管理中的重要方面,它既可以为政府机构决策提供支持，也可以为建筑运营管理者提供必要的信息，有利于公共建筑的健康运行和推动可持续发展社会目标的构建。在获得建筑的运行信息后，通过多种多样的数据分析方式对建筑的运行状态进行诊断，对于掌握建筑用能系统的运行特点和对建筑用能系统进行调适、控制和改造的多种过程都具有重要意义。

根据建筑用能类别，能耗数据采集分类指标为六项，包括电、水、燃气（天然气量或煤气量）、耗热量、耗冷量、其他能源应用量（如煤、油、可再生能源等），如表 1－1 所示。

表 1－1　能源监测指标——能耗通用指标

分类指标	分项指标	一级子项
电	照明插座用电	照明与插座
		走廊与应急
		室外景观照明
	空调用电	制冷机
		冷冻泵
		冷却泵
		冷却塔
		热水循环泵
		空调末端
	动力用电	电梯
		水泵
		通风机
	特殊用电	信息中心
		厨房、餐厅
		其他
水	厨房、餐厅	—
	生活热水	太阳能热水
		其他
	采暖空调补水	—
	非传统水源	—
	其他	—
燃气	食堂用燃气	—
	其他	燃气锅炉
		直燃机
		其他
热	采暖用市政蒸汽	—
	集中供热	—
冷	集中供冷	—

续表

分类指标	分项指标	一级子项
其他能源	太阳能	输配系统耗电量
		辅助热源耗能量
	其他	—

由于能效值的确定往往需要通过采集监测多个数据，然后进行整理分析计算方能得到，无法通过监测数据直接判定能效高低，故本章建筑能效指标的确定以具体监测内容作为划分依据。具体监测内容包括供暖通风空调与生活热水系统、照明系统、可再生能源、其他系统（如电梯），如表 1－2 所示。

表 1－2　能源监测指标——能效通用指标

分类指标	分项指标	一级子项
供暖通风空调与生活热水系统	空调采暖系统	系统供、回水温度
		系统流量
		系统冷却侧水温
	冷水机组	冷却侧进、出水温度
		冷冻水进、出口温度
		冷机制冷量
		冷冻水流量
		冷却水流量
可再生能源	太阳能热水/供热采暖	集热系统进、出口水温度
		集热系统循环流量
	太阳能光伏	光伏组件背板表面温度
		发电量
	地源热泵	系统热源侧流量
		系统用户侧流量
		系统热源侧进、出口水温度
		系统用户侧进、出口水温度

注：分项指标中“空调采暖系统”指系统能效，包含冷水、锅炉、水循环热泵、市政蒸汽供暖系统等；“冷水机组”专指冷水机的能效。

1.2.2　公共建筑用能特点

1. 办公建筑

根据已上传至中央级、省级节能监管平台的政府办公建筑信息和能耗数据，政府办公建筑能耗有以下特点：

1)大多数建筑监测内容仅有用电量;

2)空调系统能耗较大,大多数政府办公建筑均建有空调设施,无论是分体空调,还是中央空调,都在建筑总用电量中占了较大比例;

3)照明和插座也是政府办公建筑耗电的主要部分,用电设备多且配电线路复杂,现代办公建筑办公自动化程度高,计算机、打印机等各种办公设备齐备,带给人们方便的同时消耗了大量能源,此外既有建筑中风机盘管、热水锅炉、分体空调设备等往往也接入照明和插座回路;

4)部分政府机构职能的特殊性,其办公建筑会拥有大规模的信息机房、通信站、指挥中心等特殊功能性区域,这类区域耗电设备密度大,其用电能耗高,部分机构信息中心的电耗甚至超过总电耗的 1/5;

5)设置职员餐厅也是政府办公类建筑的特点,厨房耗电量不容忽视且运行时段集中。

2. 校园建筑

(1)建筑能耗的影响因素根据已经开展的高校节能监管平台调研的信息和数据整理分析得出以下结论

1)校园建筑整体能耗与学校所处的地理位置、气候因素、专业特点关系较大;

2)同类院校中,北方高校建筑总能耗高于南方高校建筑总能耗,其主要原因是供暖能耗高,根据部分高校节能监管平台数据,集中供暖能耗占校园建筑总能耗的 30% ~50% ;

3)同类院校中,南方高校的建筑用电量高于北方高校,主要原因是空调用电的影响;

4)综合性大学整体能耗较高,主要是因为建筑面积大、学生数量多;

5)理工科院校单位建筑面积能耗、生均能耗高于文科院校,主要原因是科研设备、实验室器材等耗电量大;

6)与机关办公建筑周末的能耗明显低于工作日能耗的规律不同,综合性大学周末的能耗与工作日能耗差别并不明显,其主要原因是随着学校规模的发展,校园文化活动丰富多彩,综合性大学周末学生人数并未明显减少,使周末的建筑能耗并未有明显下降。

(2)校园建筑用能系统的特点

1)供配电系统:校园供配电系统一般由变压器、低压配电所、建筑配电室、楼层配电箱和室内开关箱组成。一般在配电所可以实现用电分项计量,部分老旧建筑线路不支持建筑用电分项计量,给建筑用电计量带来实施难度。绝大多数学校配电室没有实现配电自动化,只有少数新建校区采用了配电自动化的设计。

2)空调系统:当前校园空调管理存在的主要问题是空调末端缺少管控,空调维护人员重设备运行,轻能效管理,造成空调系统运行能效低、浪费多。

3)照明系统:校园照明分为路灯照明、场馆照明、景观照明、室内照明等,其中路灯和场馆照明灯具功率大,灯具的节能改造潜力大,辅以定时控制等措施,节能效果明显。

4)供热系统:当前校园供热存在的主要问题是供热管线老旧,热损失大;管线复杂,难以实现热力平衡;未按照行政办公楼、教学楼、宿舍等不同建筑特性进行按需供热。北方高校供热系统存在自有锅炉房和市政供热两种方式,自有锅炉房往往还承担着教工住宅等非公共建筑区域的供热职能,给学校能源管理带来很多困难。自有锅炉房的学校进行供热节能改造的愿望强烈，因为节约能源费用效果明显；采用市政供热的学校由于当前供热付费方式为按面积收费，节能不节钱，所以进行供热节能改造的愿望不强。从长远看，按面积收费的供热方式应逐步过渡到按使用流量收费，将有助于推动供热节能。

5）给排水系统：高等院校的校区一般历史悠久，地下管网复杂，多数学校的供水系统难以实现水力平衡，水网的“跑冒滴漏”现象严重且难以发现，从而造成水资源的极大浪费。

3. 医院建筑

2012—2013 年中德合作项目对我国 100 家医院能耗进行了调研，结果表明，单位面积能耗费用排名前十位的医院为 154.6～227.6 元/m^2。不同类型的医院能源结构不同，能耗费用占医院总费用的比例不同。各类型医院平均能耗费用占医院总费用的 2.09%，其中床位数为 550～850 床的医院能耗费用占总费用的比例最大，达到了 2.82%，已经达到了德国水平（德国医院能耗费用占总费用的 2.5%）。

此外，通过对各地医院的调研发现，大部分医院能耗计量系统欠完善，计量方式多为人工抄表，水、电计量情况稍好，但是也局限于总量计量或者分楼计量，基本无法清楚各个分项能耗数据，燃气计量大多只有总量和各个锅炉的燃气量，热力计量一般只计量总数。在冬季采暖、夏季空调以及生活热水供应的有效建筑面积的统计上，存在许多不清楚之处，而且不少医院还把家属住宅楼的冬季采暖能耗也包括在内，因此难以将各项能耗指标核算清楚。

4. 商业建筑

数据显示，商业建筑能耗占我国建筑总能耗的 30%～32%，且既有大型商业建筑 90% 以上是高能耗建筑或建筑群，因此不能忽视商业机构建筑的能源管理工作。从建筑能源管理的研究领域来看，商业机构类别里的“大型城市商业综合体、星级酒店、超级市场、综合性市场、百货商场、银行大楼”等建筑类型是建筑节能的重点对象。不同于零散的、小规模的商业店铺，此类建筑的人员密集、能耗总量高，是开展建筑节能降耗的重要方面。

商业机构的能耗具有以下特点：商业机构的能源资源消耗，从水、电、煤、气、油的分类来看，电费占据的比重最大，达 70% 以上，主要是商业机构人员密集、用电设施多等原因。

商业机构用电主要集中在空调及照明两个方面，根据权威数据统计，空调用电占商业机构总用能的 30%～50%，照明用电占商业机构总用能的 15%～40%。商场类建筑营业时间每天长达 12 h 以上，且全年营业，空调开启时间较其他公建长，因此其单位面积电耗在大型公共建筑中是最高的。

1.3 用能系统高效运营管理技术

大型公共建筑往往承担着一定的社会功能或者具有独特专门的用途，其能耗水平虽然常年处于较高的状态，但通常被运营管理者认为是合理且不可避免的。随着节能观念的深入人心，公共建筑的运营管理者提出了希望通过高效的运营管理技术为现有建筑进行节能，而日趋成熟的节能控制理论和不断进步的科学技术也为这种要求的实现提供了可能性。

既有大型公共建筑用能系统的全过程高效运营管理技术通常包括用能系统的诊断、调适、改造和运行管理四个方面的内容。暖通空调、电器和照明、给排水和建筑围护结构是目前既有大型公共建筑中进行上述过程的主要系统。

公共建筑暖通空调系统的组成包括冷热源、管网、水泵和风机、控制设备和末端设备等。随着技术的发展,由于营造建筑室内环境的新型设备不断涌现,设备系统的能效也得到不断提升。相对而言,由于设备系统运行所处的状态、运行调节等所暴露出来的节能空间越来越大,暖通空调系统涉及系统的节能和建筑室内环境营造质量,因此其性能提升面临着重大需求。

近年来,建筑室内采光和建筑外围护结构景观照明等方面的技术进步显著。在国家政策的引导下,节能灯在建筑中的推广应用取得显著成效,建筑照明能耗明显下降。节能灯的使用和推广虽在一定程度上降低了建筑能耗,但是大型公共建筑内部对照明的强度、均匀性和一致性的要求与日俱增,建筑内部照明系统用能不合理、不规范、不节约的现象广泛存在。相较于暖通空调系统,使用者对照明系统节能的敏感程度较低。部分公共建筑为了追求明亮独特的视觉效果,在建筑内、外部大量使用光源,这都导致了建筑照明能耗的浪费现象。

建筑的给水排水功能负担着人们对于水资源的使用需求,如清洁、饮用、降温、工艺和其他多种用途。然而在建筑用水系统中却存在着大量的水资源浪费现象,同时对用水系统又缺乏必要的运行管理和调适,导致用水系统的工作状态与设计要求不符,不仅影响系统供水的可靠性和安全性,而且增加了供水系统的运行能耗。

维护结构应具有保温、隔热、隔声、防水防潮和耐久等功能。围护结构的保温隔热性能是否优良对于建筑内负荷的影响重大。保温隔热性能优良的维护结构可以在很大程度上降低建筑暖通空调系统的能耗。然而,近年来在暖通空调系统的设计改造中,有一个问题始终困扰着设计人员,我国已有的公共建筑中,拥有一定年限的老旧建筑占据着一定的比例,这类建筑在设计时并未考虑到后期加装暖通空调系统对围护结构保温性能的要求,因而往往存在维护结构保温设计不合理,遮阳设施安装不到位等问题,如此必然带来室内负荷的提高和热损失的增加,进而提高了暖通空调系统的能耗,存在比较大的节能改造空间。

针对上述用能系统存在的问题,本节将对既有大型公共建筑用能系统高效运营管理技术的主要内容进行笼统的介绍,各技术具体内容的展开说明和实际应用的案例效果将在后面的章节依次叙述。

1.3.1 用能系统节能运行理论与目标

既有建筑用能系统节能运行的理论来源于相关国家规范和系统运行过程中存在的问题。在节约能源的基础上提升系统的运行管理效率、满足内部人员的使用需求是既有建筑用能系统的总体运行目标。不同的用能系统、用能设备在具体目标上又存在一定的区别。如暖通空调系统的节能运行目标是在创造一定的室内环境以满足人员对温度、湿度、风速等室内环境参数要求的前提下尽量减少能源的使用并提升运营管理效率;照明系统的节能运行目标是在创造适应的光环境的同时通过相应的运行管理和节能改造手段达到运行节能的目的。

既有大型公共建筑运营管理目标的实现是通过采用合理的用能方式、积极的用能管理措施和先进的设备仪器取代现有建筑内落后的用能方式、消极的用能管理措施和陈旧高能耗的用能设备，进而达到提升建筑用能系统用能管理水平、降低建筑能耗、实现运行节能和满足建筑内部人员使用需求的目的。

各用能系统具体的节能运行理论和节能运行目标将在第二章进行详细的阐述。

1.3.2 用能系统诊断

既有公共建筑用能诊断是通过对建筑进行现场调研、对建筑能源消费账单和建筑设备历史运行记录进行统计分析等手段，找到建筑能源消耗不合理的地方，挖掘建筑节能潜力，为系统的运行调节、节能改造等后续活动提供依据。

广义的既有公共建筑用能诊断的范围包含建筑围护结构热工性能、暖通空调系统、生活热水系统、照明与电器系统、供配电系统质量等，涉及能源消耗类目、项目繁多复杂；狭义的用能诊断只针对耗能量占建筑耗能总量比例最大的暖通空调系统。

常用的建筑节能诊断方法通常从建筑运行过程中存在的问题出发，采取包括现场调查和检测、分析能源消费账单和分析设备历史运行记录等手段确定问题产生的位置及原因。在缺乏相关问题/现象的条件下，也可以尝试从建筑的整体性能指标出发，快速判定建筑可能存在的问题的方向以及与之关联的系统范围，进而确定问题所在。

暖通空调系统的节能诊断方法起源于20世纪70年代国外的FDD方法，即基于错误检测和诊断的技术。国内在相关项目上的研究起步较晚，发展不完备。目前常用的诊断方法有Web诊断和OTI诊断。

暖通空调系统的诊断包括对冷热源系统、输配系统、末端装置三个主要系统的诊断。其中对三大系统的诊断又包括冷热源、水泵、冷却塔、风机、盘管和换热器等设备的运行性能诊断，以及对暖通空调系统控制的室内温湿度参数、空气质量、室内风速和人员热舒适性的诊断。

照明系统的诊断指标通常包括照明灯具的效率和照度值、照明功率密度、照明系统自动化覆盖程度、照明节电节能率和自然光的有效利用程度等。

给排水系统的诊断通常包括对建筑供水方式的调查以检验其供水方式是否合理，能否在运行过程中在维持供水稳定性的前提下尽量达到运行节能的目的；对供水管网老化程度进行评估，以检验是否由于管网老化腐蚀而导致系统存在严重的“跑冒滴漏”现象；对水泵台数和功率设置的合理程度以及运行节能性的检验以确定是否存在“大马拉小车”导致的能源浪费和“小马拉大车”导致的用户处供水不足；试压为的是检验管网是否水力平衡。

供配电系统诊断的主要目的是评估电能质量和效率，其评价指标主要包括三相电压不平衡、变压器效率等参数。

外围护结构主体部位传热系数和冷热桥位置定位可以采用热流计、热箱法和红外热像仪法等来判定。实际工程中多采用热流计法,即用热流计、热电偶检测出被测围护结构的热流密度以及内、外表面温度值,再由相应的公式计算出外墙、屋面的传热系数。最后通过与相关标准规范的对比,以判断其热工性能参数是否满足目前的使用要求。

1.3.3　用能系统调适

建筑行业中的调适(Commissioning,以下简称 Cx)源于欧美发达国家,属于北美建筑行业成熟的管理和技术体系。最初,建筑 Cx 是作为质量控制和检查出现的,其作用与暖通空调系统的测试与平衡相同。现在,Cx 一般始于方案设计阶段,贯穿图纸设计、施工安装、单机试运转、性能测试、培训和运行维护各个阶段,确保设备和系统在建筑整个使用过程中达到设计功能。

针对诊断过程中发现的问题,应积极对空调系统进行调适,如检验系统设置是否合理和运行过程是否规范。对于诊断过程发现的设备偏差应及时进行纠正,建造安装不规范及时进行返工,系统运行中的故障及时进行调节。暖通空调系统调适过程一般包括空调风系统平衡调适、空调水系统平衡调适、空调设备性能调适、系统联合调适等。

传统的建筑照明系统的调适指对系统控制的调适,如对开关控制和采光控制的调适。随着调适技术的发展,调适的内容不再局限于对控制系统的调适,而是包括对整体系统以及所有采光装置的调适,以保证照明系统在建筑各个阶段的可靠运行。

给排水系统的调适通常意义上指对给排水系统的水力平衡进行调节以满足用户处的用水需求,防止能源浪费。常用的水力平衡调节包括动态水力平衡调节和静态水力平衡调节。静态水力平衡调节常用的方法有预设定法、迭代法、比例法、补偿法和回水温度调节法等。

建筑内其他机电系统的调适包括对楼宇自控系统的调适和对电梯系统的调适等。更新电梯系统的调度控制算法是对电梯系统进行调适的主要常用手段。

调适过程应坚持问题导向,以解决建筑诊断流程中发现的问题和不足为目的,确保建筑物各用能系统的工作处于最佳状态,满足业主方的使用要求。首先在总包、业主、监理等相关单位协助下,通过系统调适,检查施工缺陷,测定设备各项参数是否符合设计要求,并在测定设备的性能后对其进行调整,以便改善由于设备之间的相互不均衡导致的问题,确保为业主提供良好舒适的使用环境;其次在系统调适的过程中积累总结系统设备材料的相关数据,为今后的系统运行及保养维修提供具有指导性的数据。

1.3.4　用能系统控制与调节

用能系统的控制与调节是通过手动或自动的方式改变设备的工作状态,如控制设备的启停或者改变运行状态,进而满足使用者的要求。建筑内的设备多种多样,其工作状态和使用者的需求也各不相同,它们的控制调节手段大致可分为手动控制、自动控制和智能控制方式三种。

暖通空调系统控制与调节主要包括冷热源、水系统和末端控制等三个部分,当系统处于正常运行工况时,各控制与调节部分应处于最佳节能和改善热舒适状态。目前暖通空调系统控制按照控制调节方法可分为经典控制、硬控制、软控制、混合控制等,按照控制调节的位置可分为对冷热源、输配系统和末端设备的控制调节。

照明控制是照明系统的重要组成部分。照明控制的目的在于提高建筑照明的视觉质量、延长灯具的使用寿命,应对不同条件和需求,营造不同氛围以及照明节能。照明控制还能有效提高照明系统的稳定性和可靠性,简化系统的运行管理。照明系统的控制一般可分为手动控制、自动控制和智能控制三大类。

建筑内通风系统的控制调节的目的在于合理设计组织好公共建筑内外的通风和排风,改善建筑物室内空气质量,排除室内有害气体(甲醛、苯和CO等),提高人员舒适度,降低整个空调系统能耗。通风系统的控制调节通常包括通风系统的控制调节和防排烟系统的控制调节。

对现有建筑进行控制调节的目的是充分、有效地发挥用能设备潜力,提高系统的整体效能,降低用能设备运行能耗和系统运行、维护费用。对于采用控制调节技术手段后仍无法满足要求的用能系统,应及时进行节能改造。

1.3.5 低成本改造

既有建筑节能改造是针对建筑中的围护结构、空调、采暖、通风、照明、供配电以及热水供应等能耗系统进行的节能综合改造,通过对各个能耗系统的勘察诊断和优化设计,应用高新节能技术及产品,提高运行管理水平,使用可再生能源等途径提高建筑的能源使用率,减少能源浪费,在不降低系统服务质量的前提下,降低能源消耗,节约用能费用。

暖通空调系统的改造应以能耗监测和诊断为基础,在符合改造要求和国家标准的前提下开展。改造包括对冷热源系统、输配系统、风系统的改造和采用热回收技术等。对热工参数不能满足的维护结构如外墙、外窗、屋面等,应采取相应的保温、贴膜、涂料和遮阳等措施,对建筑中不合理、不必要的负荷发生点进行取缔或者改装。虽然附加改造会在一定程度上提升暖通空调系统改造的投资,但对于暖通空调系统长期运行中的节能却具有重要的意义。

常用的照明改造策略包括采用高效光源,采用高效镇流器,采用高效灯具,采用合理的分区照明,改善光源光谱分布,采用人体感应探头,与天然采光结合的调光控制等。

既有建筑给水系统的节能改造包括对已有给水管网的替换改造、对二次加压供水系统的改造、对循环水泵的节能改造和对热水供应系统的改造。在建筑给水系统节能改造阶段,除了考虑建造的初投资和简便性,还应尽量选择具有更高节能节水效益和更加便于运行管理的供水系统,减少供水系统中的能源浪费和不合理的经济支出。

对于其他机电设备,如电梯,常见的节能改造策略包括更新电梯驱动系统和采用绿色能源等措施。

在节能改造过程中应注意收集各专业的设计图纸并对实际情况做深入调研,同时尽可能利用新设备，以达到最大限度地节能。在改造过程中做到及时和其他相关专业的人员进行沟通，确保改造工程在合理有序的基础上展开。

1.3.6　用能系统全过程高效运营

目前我国大型公共建筑中普遍存在“重建设轻管理、重使用轻维护、重改造轻运行”等问题。大多数大型公共建筑期望通过应用更高效的节能技术或更换节能设备，如对暖通空调系统、围护结构、照明技术、变频设备等改造实现节能，但是却忽略了建筑在实际运营阶段的管理节能，因此我国在这一方面节能潜力巨大。通过运用科学的运营管理达到降低建筑运行能耗的目的，是一种最有效、低成本的节能手段。

同时，对既有大型公共建筑进行运营管理也需要考虑成本投入是否合理。大型公共建筑承担的功能相较于普通建筑更加独特和难以替代，对其用能进行诊断、调适、控制和改造时应尽量在不影响建筑现有使用功能的前提下进行。在执行运营管理技术的过程中应综合考虑建设成本和后期运行成本的共同作用。在满足建筑改造要求的基础上达到节约成本和后期节能的目的。

1.3.6.1　高效运营管理方法

运营管理是一门管理科学，一般定义为对生产过程和生产系统的管理。对于既有大型公共建筑来说，运营管理是对建筑中提供服务的职能部门进行的管理，其目标是尽量高效、低耗、灵活、低成本地提供令客户满意的服务，运营管理中最为核心的即质量管理。

质量管理是指在质量方面指挥和控制组织协调的活动。根据其内容或实现步骤可解释为：企业制定质量方针和目标，为了实现而实施质量策划、质量控制、质量保证、质量改进等活动的过程。质量管理发展至今共经历了三个阶段：质量检验阶段、统计质量管理阶段和全面质量管理阶段。全面质量管理方法包括戴明环循环法（PDCA）和其他方法。

质量管理又包括基于目标分解的质量管理。目标分解是将总体目标在纵向、横向或时序上分解到各层次、各部门甚至到个人的体系。质量目标分解是将总体质量目标在纵向、横向或时间上逐级向下分解到各层次、各部门甚至个人的过程，主要包括目标的制定、分解和考核。

大型公共建筑运营管理效果的评价是指采用科学的方法衡量建筑在运营管理阶段的表现，包括主管单位或主管部门的管理能力、节能技术的应用情况、员工的个人素养、节能降耗情况等。大型公共建筑运营质量管理评价指标体系的建立，是进行建筑运营质量管理效果预测和评价的前提和基础。建立一套完整、科学、合理、客观的大型公共建筑运营质量管理评价指标体系，有利于让主管单位或主管部门的管理更加规范、积极，有利于社会的可持续发展。

1.3.6.2　高效运营管理技术

既有大型公共建筑用能系统全过程高效运营管理技术包括用能审查和技术诊断流程、高效运营及节能改造方案、用能系统改造施工、用能系统效能调适四个方面的内容。

能源审计工作是进行用能审查的主要技术手段，其目的在于发现既有建筑中因为设计欠缺、设备老旧和运行维护工作不当等问题导致的建筑能源利用中存在的不规范问题。进而客观评价建筑用能现状，发掘建筑节能潜力。技术诊断通常是对系统及设备的能效进行诊断，包括围护结构能效诊断、用能系统能效诊断以及室内环境参数诊断。

节能改造方案的设计是针对建筑中的围护结构、空调、采暖、通风、照明、供配电以及热水供应等能耗系统进行的节能综合改造设计，通过对各个能耗系统的勘察诊断和优化设计，应用高新节能技术及产品，提高运行管理水平，使用可再生能源等途径提高建筑的能源使用率，减少能源浪费，在不降低系统服务质量的前提下，降低能源消耗，节约用能费用。

既有大型公共建筑用能系统改造施工工作流程开始于确定既有大型公共建筑用能系统改造方案之后，由节能改造实施部门提出拟采购的设备清单，进行设备采购；甲方与承包改造施工项目的企业签订用能系统改造施工合同；用能系统改造施工工程竣工后，甲方还应组织相关部门进行竣工验收。通常包括采购改造设备、签订改造施工合同、确保改造施工安全和对改造施工进行验收这四个方面的内容。

用能系统能效调适是改造及运行管理的重要环节，对于建筑用能系统在节能改造后能否在预设的工作状态运行意义重大。调适不应只在系统试运行阶段开展，在系统运行整个阶段都应对用能系统运行状态进行长期监测，并定期进行调适和调节，以维持系统在健康且高效的状态下工作。

1.3.6.3 高效运营管理模式

既有大型公共建筑的设计、建造、施工已经完成，如何在后期的运行使用阶段保证其高效的运行管理对于建筑的节能意义重大。由于建筑在后期运营过程中存在一系列的问题，需将先进的技术手段和管理手段结合起来，形成科学的、便于实施的高效运营管理模式，从而最大限度地提升既有大型公共建筑用能系统全过程的运营效率。

国际上经过检验的运营管理模式包括政府采取强制性或鼓励性措施的能源运行管理以及咨询服务和合同能源管理等商业模式。

我国在建筑节能领域存在资金困难、有潜在风险、市场失灵、用户行为障碍和信息获取途径缺失等问题。针对这些问题，采取专门的高效运营管理模式能够使相关工作事半功倍。随着运行阶段节能管理模式的推广和不断深入研究，各类建筑会获得更加客观的收益，从而激发良性的节能服务市场。

第 2 章　既有大型公共建筑用能系统节能运行理论与目标

2.1　暖通空调系统节能理论与目标

暖通空调系统涉及系统的节能和建筑室内环境营造质量，在多数运行时间内，系统并非按照设计工况运行。因此，对暖通空调系统进行合理的诊断、调适和运行管理是非常重要的。

2.1.1　暖通空调系统的组成与分类

暖通空调系统分为供暖系统、空调系统和通风系统。各系统组成如表 2－1 所示。

表 2－1　暖通空调系统的组成

系统名称	冷/热源	动力设备	换热设备	末端设备	辅助设备
供暖系统	汽轮机、锅炉、热泵、吸收式热泵	循环水泵	换热器	散热器、风机盘管、地热盘管、平顶辐射板、暖风机、热空气幕	补水泵、补水箱、除污器、分(集)水器、分气缸、自控系统
	多联机、分体空调	电动压缩机	—	室内机(直接蒸发式换热器)	—
空调系统	冷水机组、吸收式制冷机、汽轮机(冷热电)	循环水泵	—	风机盘管、辐射板	补水泵、补水箱、除污器、过滤器、冷却塔、自控系统
		循环水泵＋风机	表冷器	风口	
	多联机、分体空调	电动压缩机	—	室内机(直接蒸发式换热器)	—
通风系统	—	风机	—	风口	过滤器、自控系统

1. 供暖系统的分类

供暖系统的分类，如表 2－2 所示。

表 2－2　供暖系统的分类

分类	供暖系统	系统特征	系统应用
按热源、热网、散热设备相互位置关系不同分类	局部供暖系统	热源、热网、散热设备	电热供暖、燃气供暖
	集中供暖系统	热源和散热设备分别设置，通过热网连接	热水供暖 蒸汽供暖、热风供暖

续表

分类	供暖系统	系统特征	系统应用
按集中供暖系统承担室内负荷的热媒不同分类	热水供暖系统	全部由热水承担室内供暖负荷	重力循环热水供暖、机械循环热水供暖
	蒸汽供暖系统	全部由蒸汽或者蒸汽和水共同承担室内供暖负荷	真空蒸汽供暖、低压蒸汽供暖、高压蒸汽供暖
	热风供暖系统	全部由热风承担室内供暖负荷	暖风机
按热水供暖系统循环动力不同分类	重力循环热水供暖系统	以自然重力作为系统循环作用力	单户式、单管上供下回式、双管上供下回式
	机械循环热水供暖系统	以循环水泵作为系统循环作用力	分层式、混合式、单双管式、双管中供式、双水箱分层式、水平单管跨越式、双管下供下回式、双管下供上回式、双管上供下回式、高低层无水箱直连、垂直单管上供下回式、垂直单管下供上回式、垂直单管上供中回式
按热水供暖系统末端散热设备不同分类	散热器供暖系统	以散热器作为末端散热设备	单管式、双管式、混合式
	地暖盘管供暖系统	以加热盘管作为末端散热设备	回折型、平行型
	风机盘管供暖系统	以风机盘管作为末端散热设备	两管制、三管制、四管制
按蒸汽供暖系统供汽压力不同分类	低压供暖系统	供汽压力等于或低于70 kPa	双管上供下回式、双管下供下回式、双管中供式、垂直单管下供下回式、垂直单管下供上回式
	高压供暖系统	供汽压力高于70 kPa	双管上供下回式、双管上供上回式、水平串联式

2. 空调系统的分类

空调系统的分类,如表2-3所示。

表2-3 空调系统的分类

分类	空调系统	系统特征	系统应用
按空气处理设备的设置情况分类	集中升级系统	空气处理设备集中在机房内,空气经处理后,由风管送入房间	单风道系统、双风道系统、变风量系统
	半集中式系统	除了有集中的空气处理设备外,在各个空调房间还分别有处理空气的末端装置	风机盘管+新风系统、多联机+新风系统、诱导器系统、冷暖辐射版+新风
	全分散式系统	每个房间的空气处理分别由各自的整体式(或分体式)空调器承担	单元式空调系统、房间空调器系统、多联机系统

续表

分类	空调系统	系统特征	系统应用
按承担室内空调负荷所用的介质来分类	全空气系统	全部由处理过的空气承担室内空调负荷	一次回风系统，一次、二次回风系统
	空气水系统	由处理过的空气和水承担室内空调负荷	新风系统和风机盘管系统并用，带盘管诱导器
	全水系统	全部由水承担室内空调负荷	风机盘管系统（无新风）
	制冷剂系统	制冷系统的蒸发器直接放室内吸收余热余湿	单元式空调系统、房间空调器系统、多联机系统
按集中系统处理的空气来源分类	封闭式系统	全部为再循环空气，无新风	再循环空气系统
	直流式系统	全部为新风，不使用回风	全新风系统
	混合式系统	部分新风，部分回风	一次回风系统，一次、二次回风系统
按风管中空气流速分类	低速系统	考虑节能与消声要求的风管系统，风管截面较大	民用建筑主风管风速低于10 m/s，工业建筑主风管风速低于12 m/s
	高速系统	考虑缩小管径的风管系统，能耗多，噪声大	民用建筑主风管风速低于10 m/s，工业建筑主风管风速低于12 m/s

3. 通风系统的分类

通风系统的分类，如表2－4所示。

表2－4 通风系统的分类

分类	通风系统	系统特征	系统应用
按空气流动动力不同分类	自然通风系统	以风压、热压或者风压和热压联合作为空气流动动力	全面通风、局部通风
	机械通风系统	以通风机提供空气流动动力	全面通风、局部通风
按机械通风作用范围不同分类	全面通风系统	整体范围内通风	全面通风（稀释原理）、置换通风（挤压原理）、事故通风、地下车库通风
	局部通风系统	局部范围的通风	局部送风、局部排风

2.1.2 暖通空调系统性能提升原理

1. 冷热源性能提升

（1）冷热源

冷水机组的制冷量计算公式为：

$$Q_0 = V\rho c\Delta t/3\,600 \tag{2-1}$$

式中 Q_0——冷水机组制冷量，W；

V——冷冻水平均流量，m^3/h；

ρ——冷冻水平均密度，kg/m^3；

c——冷冻（热）水平均定压比热，kJ/（kg·℃）；

Δt——冷冻水进、出口水温差，℃。

冷水机组的性能系数（COP）计算公式为：

$$COP = Q_0/N_i \tag{2-2}$$

式中 Q_0——机组测定工况下的制冷量，W；

N_i——机组的净输入功率，W。

机组的综合部分负荷性能系数（$IPLV$）计算公式为：

$$IPLV = 2.3\% \times A + 41.5\% \times B + 46.1\% \times C + 10.1\% \times D \tag{2-3}$$

式中 A——冷却水进水温度 30 ℃，100% 负荷时的性能系数，W/W；

B——冷却水进水温度 26 ℃，75% 负荷时的性能系数，W/W；

C——冷却水进水温度 23 ℃，50% 负荷时的性能系数，W/W；

D——冷却水进水温度 19 ℃，25% 负荷时的性能系数，W/W。

冷源系统的能效比（COP）计算公式为：

$$COP = Q_0/N_i \tag{2-4}$$

式中 Q_0——冷源系统测定工况下的制冷量，W；

N_i——冷源系统各设备的净输入功率，W。

锅炉效率的计算公式为：

$$\eta = \frac{D_r(i_r - i_s)}{Bq} \tag{2-5}$$

式中 η——锅炉热效率，%；

D_r——锅炉过热蒸汽流量，kg/h；

i_r——锅炉过热蒸汽焓，kJ/kg；

i_s——锅炉给水焓，kJ/kg；

B——锅炉燃料消耗量，kg/h；

q——燃料低位发热量，kJ/kg。

（2）冷却塔

冷却塔效率的计算公式为：

$$\eta_{iC} = \frac{T_{iC,in} - T_{iC,out}}{T_{iC,in} - T_{iw}} \times 100\% \tag{2-6}$$

式中 η_{iC}——冷却塔效率，%；

$T_{iC,in}$——冷却塔进水温度，℃；

$T_{iC,out}$——冷却塔出水温度，℃；

T_{iw}——环境空气湿球温度，℃。

冷却塔飘滴损失水率计算公式为：

$$P_f = \frac{Q_{bo} - Q_{po} - Q_z}{Q} \times 100\% \tag{2-7}$$

式中　P_f——冷却塔飘滴损失率,%;

Q_{bo}——补充水流量,kg/h;

Q_{po}——排污水流量,kg/h;

Q_z——蒸发水量,kg/h;

Q——进塔水流量,kg/h。

蒸发水量计算公式为:

$$Q_z = G_A \times \rho_a \times (d_o - d_i) \tag{2-8}$$

式中　G_A——进塔空气流量,m^3/h;

ρ_a——空气密度,kg/m^3;

d_o——出塔空气的绝对湿度,kg/kg;

d_i——进塔空气的绝对湿度,kg/kg。

风机耗电比测试应分别测出冷却塔电功率和冷却水流量,其计算公式为:

$$a = Ne/Q \tag{2-9}$$

式中　a——风机耗电比,$kW \cdot h/m^3$;

Ne——电功率,kW;

Q——冷却水流量,m^3/h。

2. 输配系统性能提升

水泵效率计算公式为:

$$\eta = V\rho g\Delta H/3.6N \tag{2-10}$$

式中　V——水泵水流量,m^3/h;

ρ——水的密度,kg/m^3;

g——自由落体加速度,9.8 m/s^2;

ΔH——水泵扬程,进、出口压差,m;

N——水泵输入功率,kW。

输送系数公式为:

$$WTF_{ch} = \frac{Q_c}{N_{ch}} \tag{2-11}$$

式中　WTF_{ch}——冷水输配系统输送系数;

Q_c——冷水系统输送的能量,J;

N_{ch}——冷水循环泵消耗的能量,$kW \cdot h$。

风机单位风量耗功率(W_S)计算公式为:

$$W_S = \frac{L}{N} \tag{2-12}$$

式中　W_S——风机单位风量耗功率,$W/(m^3/h)$;

L——风机的实际风量,m^3/h;

N——风机的净输入功率,W。

风系统平衡度计算公式为:

$$FHB_j = \frac{G_{wm,j}}{G_{wd,j}} \tag{2-13}$$

式中 FHB_j——第 j 个支路处的风系统平衡度；

$G_{wm,j}$——第 j 个支路处的实际风量，m^3/h；

$G_{wd,j}$——第 j 个支路处的设计风量，m^3/h；

整体系统主要采用制冷系统的能效比作为系统性能评价指标，计算公式为：

$$EER_C = \frac{Q_C}{\sum N_i} \tag{2-14}$$

式中 EER_C——制冷系统能效比；

Q_C——制冷系统供冷量，J；

$\sum N_i$——制冷系统主要设备（对于蒸发冷却水冷式冷水机组来说，制冷系统包括冷机、冷却塔、冷却水循环泵；对于风冷式冷水机组来说，制冷系统只包含冷机）的耗电量，kW·h。

3. 末端系统性能提升

对于暖通空调系统末端，主要采用系统末端能效比作为评价指标，其计算公式为：

$$EER_t = \frac{Q_t}{N_t} \tag{2-15}$$

式中 EER_t——系统末端能效比；

Q_t——系统末端提供的能量，J；

N_t——系统末端设备的耗电量，kW·h。

空调系统的能效比与制冷系统、冷水输配系统和末端系统有关，其计算公式为：

$$EER_s = \frac{1}{\frac{1}{EER_C} + \frac{1}{WTF_{ch}} + \frac{1}{EER_t}} \tag{2-16}$$

式中 EER_s——空调系统能效比；

EER_C——制冷系统的能效比；

WTF_{ch}——冷水输配系统输送系数；

EER_t——系统末端能效比。

为了达到较好的节能效果，在满足使用要求的前提下应尽可能提高蒸发温度。逆卡诺循环的制冷系数计算公式为：

$$\varepsilon = \frac{T_o}{T_e - T_o} \tag{2-17}$$

式中 ε——逆卡诺循环制冷系数；

T_o——制冷剂的蒸发温度，K；

T_e——制冷剂的冷凝温度，K。

为了确定蒸发温度对 ε 的影响，可以将 ε 对 T_o 取偏导数：

$$\frac{\partial \varepsilon}{\partial T_o} = \frac{T_e}{(T_e - T_o)^2} \tag{2-18}$$

式中　ε——逆卡诺循环制冷系数；

T_o——制冷剂的蒸发温度，K；

T_e——制冷剂的冷凝温度，K。

在保证制冷系统的用途和效果的前提下，尽量提高制冷系统的蒸发温度以达到能效提升的目的。

4. 水力计算

通过有效的水力计算，一方面很好地节约人工计算成本，另一方面能够利用计算结果决策支持水泵、阀口、管段等设备的选型。在流体管网中，冷热媒的流动符合基尔霍夫第一定律和基尔霍夫第二定律及水力工况数学模型。

(1)基尔霍夫第一定律

供热管网中节点流量平衡满足基尔霍夫第一定律，可以表示为：

$$\sum Q_{ij} + q_i = 0 (i = 1, 2, \cdots, n) \tag{2-19}$$

式中　i——同节点相关联的节点；

Q_{ij}——同节点/相关联的管段流量，t/h；

q_i——节点 i 的输出流量，t/h；

n——管网中的节点个数。

(2)基尔霍夫第二定律

供热管网中闭合回路压力平衡符合基尔霍夫第二定律，可以表示为：

$$\sum {}_i^j h_{ij} + \Delta H_k = 0 (k = 1, 2, \cdots, b) \tag{2-20}$$

式中　i,j——管段的起止节点；

h_{ij}——基本环路 k 中以 i 和 j 为起止节点的管段能量损失；

ΔH_k——基本环路 k 中包含的管段个数；

b——基本环路个数。

5. 变频技术

所谓变频，指改变输配设备的频率，来使输送环路的总水、风量发生变化，而不仅仅通过负荷末端的流量发生变化。根据热力学第一定律，变水量系统的基本原理可表述为：

$$Q = WC\Delta t \tag{2-21}$$

式中　Q——系统冷负荷，kW；

W——冷冻水流量，m^3/h；

C——冷冻水定压比热，kj/(kg·℃)；

Δt——冷冻水送回水温差，℃。

变频水泵是通过变频器改变电机的输入频率，进而改变水泵转速。其计算公式为：

$$n = 60f\frac{1-s}{m} \tag{2-22}$$

式中　n——转子转速，r/min；

f——电源频率，Hz；

s——定子与转子之间的转差率；

m——电动机绕组的极对数。

水泵转速与电源频率成正比，因此改变电源频率就可以实现水泵调速。根据水泵的相似定律，水泵的转速、流量、扬程和功率之间存在以下关系：

$$\left.\begin{aligned}\frac{Q_0}{Q_1}&=\frac{n_0}{n_1}\\ \frac{H_0}{H_1}&=\left[\frac{n_0}{n_1}\right]^2\\ \frac{N_0}{N_1}&=\left[\frac{n_0}{n_1}\right]^3\end{aligned}\right\} \tag{2-23}$$

式中 Q——水泵流量，m^3/s；

H——水泵扬程，m；

N——水泵轴功率，W；

n——水泵转速，r/min；

下标 0——水泵额定工况下的参数；

下标 1——水泵在转速 n_1 下的参数。

$$\frac{N_0}{N_1}=\left[\frac{Q_0}{Q_1}\right]^3 \tag{2-24}$$

由式(2-24)可知，水泵所耗功率与流量的 3 次方成正比。水泵变频控制节能分析以此为理论依据。

2.1.3 暖通空调系统常见问题

目前，既有公共建筑暖通空调从节能和运行角度来说，存在的问题主要有以下几类。

1. 冷热源问题

①制冷机组：设计容量过大或过小、长时间非满负荷、制冷或制热性能不足。②锅炉：使用燃煤等非清洁能源，运行效率低下。③热泵：运行性能下降，地源热泵土壤升温问题严重，冬夏冷热负荷不均引起取热或取冷不平衡。④市政热力：一次网板换容量偏小，导致二次网热量不足；二次网水温低，室内采暖效果不佳。⑤分体式空调：使用运行能效低，不易管理监控。

2. 输配系统

①管网：冷热损失严重，保温层损坏，热冷介质因管道破损或被认为取用损耗。②水泵：不可变频调节、选用功率高、“大流量小温差”问题。③风机：不可变频调节、选用功率高、“大流量小温差”问题。

3. 末端系统

①送回风系统：室内各区域风量不平衡、设计布置错误，冷热抵消或气流组织不合理。②风机盘管：使用两通阀或三通阀无水量，风速调节功能长期缺乏维护保养。

4. 能量过剩

①建筑部分区域供冷热过剩,而其他区域不足;②冬季供冷、夏季供热、过渡季使用空调机组;③建筑物内冷源、内热源未充分利用。

5. 人为问题

①选型错误;②安装错误;③设计错误;④人员不节能行为;⑤控制不力、缺乏管理监测、缺乏维护。

2.1.4 暖通空调系统的节能目标

1. 冷热源系统

暖通空调冷源系统主要指冷热水机组和冷却塔。

(1)冷热水机组

①冷冻水和冷却水供回水温差宜为5 ℃,热水供回水温差宜为25 ℃。

②《空气调节系统经济运行》和《公共建筑设计节能标准》均对机组的 *COP* 限值进行了规定和说明。

③冷水机组性能的好坏须同时考虑机组在部分负荷工况下的效率,即综合部分负荷性能系数 *IPLV*。《公共建筑设计节能标准》规定了冷水机组的 *IPLV* 最低限值。

④冷源系统能效系数。冷源系统能效系数 EER_{-sys} 计算公式为:

$$EER_{-sys} = \frac{Q_0}{\sum N_i} \tag{2-25}$$

式中 Q_0——制冷量,kW;

EER_{-sys}——冷源系统能效系数,kW/kW;

$\sum N_i$——冷源系统各用电设备的平均输入功率之和,kW。

(2)冷却塔运营评价

①冷却塔冷却能力按以下指标进行:

i. 当冷却能力达到95%及以上时,应视为达到设计要求;当达到105%以上时,应视为超过设计要求。

ii. 当评价指标达不到95%时,应分析原因,并会同有关各方提出改进意见及措施,改进后的冷却塔可再进行一次测试。如果测试还达不到要求,则视为不合格产品。

②冷却塔效率可按《采暖通风与空气调节工程检测技术规程》进行计算。本地区可参考当地地方标准或相应热工分区标准。冷却塔效率、飘滴损失水率不应低于设计要求的90%,且风机耗电比不应大于0.04(kW·h)/ m^3。

2. 水系统

水系统主要指水泵和水管路系统。

(1)水系统输送系数

水系统输送系数是指水系统输送的总冷(热)量与水泵能耗之比。冷冻(却)水输送系数用于全年累计工况的评价时，该指标的限值为30(25)；用于典型工况的评价时，该指标的限值为35(30)。

(2)水泵效率

水泵效率的高低直接影响空调水系统的输送能效。水泵效率的检测值应大于设备铭牌值的80%。

(3)系统平衡度(或空调机组水流量偏差)

冷冻水循环系统平衡度的允许与设计值偏差≤20%。

(4)冷冻(却)水总流量

空调水系统冷冻(却)水总流量的允许与设计值偏差≤10%；集中采暖空调与集水器相连的水系统各主分支路回水温度最大差值不应大于1 ℃。

(5)压力分布

正常情况下，冷冻水系统冷机蒸发器侧阻力为8～12 m，末端空调箱或盘管阻力为5～10 m，管路阻力为5～10 m，因此冷冻泵扬程应在20～30 m。冷却水系统冷凝器侧阻力应为8～12 m、冷却塔为3～5 m、管路阻力为5～10 m，冷却泵扬程应在15～25 m。

3. 风系统

空调风系统主要指末端设备、风管路系统和室内环境。

(1)风机单位风量耗功率

当空调风系统的风量≤10 000 m^3/h时，对风机单位风量耗功率不作要求；当风量>10 000 m^3/h时，风机单位风量耗功率按照《公共建筑设计节能标准》的规定进行评判。

(2)空调末端能效比(*EER*)

空调末端能效比用于评价空调系统中空调末端的经济运行情况，对不同的空调末端类型，该指标的限值不同。

(3)系统总风量和风口风量

系统的总风量与设计风量的允许偏差不应大于10%；风口的风量与设计风量的允许偏差不应大于15%。风机的风量为吸入端风量和压出端风量的平均值，且风机前后的风量之差不应大于5%。

(4)室内环境

室内环境参数应满足相关的设计要求；室内环境的主要控制参数不应超过《空气调节系统经济运行》规定的范围。

2.2　电气和照明系统节能理论与目标

在满足功能要求的前提下，公共建筑电气与照明系统有较大的性能提升和节能空间。

2.2.1　电气和照明系统的组成和分类

建筑电力系统可以按以下几个方面进行分类。

①建筑电气系统按电能特性可分为强电系统和弱电系统。

②建筑电气系统按电力的供入、输配和消耗途径可分为供配电系统和用电系统。

③建筑电气系统按电力用途可分为照明系统、插座系统、动力系统及其他特殊系统。

2.2.2　电气和照明系统性能提升原理

1. 相关概念

(1)电效

电效定义为:"电力能源的效率简称为电效。"电效由两个层面决定:一是从电力的分配输送及使用过程分析,主要由传输效率、分配效率和使用效率决定;二是按电压等级进行区分,主要分为高压侧电能效率和低压侧电能效率。

(2)能效

能源效率即能源使用效率。能效广泛的含义为使用未开采的能源活动所获取的有效能源量与实际出入的能源量之比。

(3)节能

节能是通过技术手段来提高能源效率或减少能源浪费。节电的最终目的是节能。

(4)照度(均匀度)

照度是用来表示被照面上光的强弱的重要指标。照度均匀度指规定表面上的最小照度与平均照度之比。光线分布越均匀说明照度越好,照度均匀度越接近1越好。

(5)眩光

眩光分直射眩光和反射眩光。直射眩光是观察者方向上或附近存在的光源物过亮引起的眩光。反射眩光是观察者方向或附近由光源物的镜面反射引起的眩光。

(6)显色指数

显色指数是反映人工光接近自然光的程度,显色性越高,就越接近自然。

(7)色温

色温表示光源光色的尺度,分为暖、中间、冷,影响亮度。可用光源色表来衡量色温。

2. 相关计算

(1)照明算量

照明算量的测算方法是对照明功率密度(*LPD*)的计算。表示单位面积上的安装照明功率,单位为W/m²。其计算为:

$$LPD=\frac{P+P_{\mathrm{b}}}{S\eta} \tag{2-26}$$

式中　P——单个光源的输入功率,W;

P_{b}——光源配套整流器的功耗,W;

S——场所面积,m^2;

η——场所照明的总效率,%。

(2)照明消耗

照明消耗量主要为照明灯具的电能消耗量。电能消耗量是以年为单位的照明总耗电量,单位为W。其计算公式为:

$$P_y = LPD \times S\eta \times t \tag{2-27}$$

式中 P_y——年总功率,W;

S——场所面积,m^2;

η——场所照明的总效率,%;

t——一年的小时数,h。

(3)总电压损耗

总损耗为变压器损耗与线路上损耗之和,其公式为:

$$\Delta U = \left[\frac{U_0}{U} - \left(1 - \frac{\Delta U_s}{100}\right)\right] \times 100 \tag{2-28}$$

$$\Delta U = \alpha \Delta U_T + \Delta U_L \tag{2-29}$$

式中 U_0——变压器的空载电压,V;

U_s——照明器允许的负电压偏移的相对值;

U——照明器的额定电压,V;

α——变压器空载电压与线路额定电压之比;

U_T——变压器电压损失,V;

U_L——线路电压损失,V。

(4)变压器内损耗

变压器内损耗指负荷电流在变压器绕组内流通所引起的电压损失的相对值,计算公式为:

$$\Delta U_T = \frac{S_2}{S_T} u_r \cos \varphi_2 + \frac{S_2}{S_T} u_x \sin \varphi_2 \tag{2-30}$$

式中 S_T——变压器额定容量;

S_2——变压器的实际负荷;

$\cos \varphi_2$——负荷功率因数;

$\sin \varphi_2$——空载功率因数;

u_r——变压器短路电压的有效分量;

u_x——变压器短路电压的无效分量。

$$u_r = \frac{P}{10S_T} \tag{2-31}$$

$$u_x = \sqrt{u^2 - u_r^2} \tag{2-32}$$

式中 P——变压器额定负荷时的短路损耗,W;

u——变压器的短路电压,V。

(5)线路损耗

由于线路上存在电阻,电流流过就会产生有功功率损耗及无功功率损耗。通过式(2-

30)的逆运算获得。

2.2.3　电气和照明系统常见问题

1. 变配电系统常见问题

(1)变电系统

变电系统中常发生的问题主要分为跳闸和非跳闸两个问题。

①跳闸问题。跳闸问题包括三个内容:线路跳闸、主变三侧跳闸以及主变低压侧开关跳闸。

②非跳闸问题。非跳闸问题首先要严格检查和地面系统的连接是否正确,如果检查中没有发现问题,则可以断定是线路中的某一部分出现了状况,因此要提前弄清故障出现的具体位置,重点对其采取合理的解决措施。另外,快速地确定问题的特点以及出现问题的具体位置,这是解决问题的重要内容。

(2)供配电系统

供配电系统在技术、管理和设计三个方面仍存在一些问题。

①技术问题。技术层面的问题分为三个方面:一是对于配电线路和供电设备的保护不够;二是三相负荷不均匀导致线路受到严重损伤;三是漏电保护技术不够。

②设计问题。设计方面的问题分为以下三点:一是线路的设计没有按照供电设计相关规范进行设计;二是电器元件、供电设备以及线路材料的选择不符合要求,电缆技术落后;三是系统设计未考虑实际问题。

③管理问题。配电系统中线路和设备老化,更新不及时;线损工作不符合配电系统管理规范;供配电系统的管理制度不完善。

④漏电保护器的问题。接线和漏电保护器选择存在着一些问题。

⑤越级跳闸问题。越级跳闸问题不容小觑,会直接造成经济损失。

2. 动力系统常见问题

(1)电梯

①电梯的运行和待机能耗较高。电梯能耗占整个建筑能耗的5% ~15%;电梯的待机能耗占电梯总能耗的比例高达58%。

②能量回收与利用问题。曳引式电梯设计时平衡系数取值在0.4 ~0.5,电梯在空载(或轻载)上行和满载(或重载)下行阶段时曳引电机经常处于发电状态(也叫制动再生状态),制动再生电量通常被电阻消耗掉,导致这部分电量白白浪费掉。

③候梯时间较长。群控技术不合理,多台电梯不能互相协调,部分电梯空载运行或者不必要停站。

④错按楼层不能取消。错按楼层时无法及时取消,造成不必要停站,增加电梯的能耗。

⑤自动扶梯空载运行。自动扶梯在高峰负载率下持续时间较短,常常处于低负载或者空载状态,导致20% ~40%的能量浪费。

(2)其他动力设备

除电梯以外,其他动力设备,如风机、水泵等的常见问题可见本书前文,此处不再赘述。

2.2.4 电气和照明系统的节能目标

1. 供配电系统节能目标

①变压器应选用低损耗型,能效不应低于现行国家标准《三相配电变压器能效限定值及能效等级》。

②配电系统三相负荷的不平衡度不宜大于15%;单相负荷较多时,采用分相无功自动补偿装置。

③容量较大的用电设备,当功率因数较低时,采用无功功率就地补偿。

④大型用电设备等谐波源较大设备,就地设置谐波抑制装置。

⑤照明配电干线的各相负荷宜平衡分配,最大相负荷不宜大于三相负荷平均值的115%,最小相负荷不宜小于三相负荷平均值的85%。

⑥正常照明单相分支回路的电流不宜大于16 A,所接光源数或发光二极管灯具数不超过25个;连接装饰性组合灯具回路电流不宜大于25 A,光源数不宜超过60个;连接高强度气体放电灯的单相分支回路的电流不宜大于25 A。

2. 照明系统节能目标

①公共建筑照明采用细管直管形三基色荧光灯、小功率陶瓷金属卤化物灯;重点照明采用小功率陶瓷金属卤化物灯、发光二极管灯。

②作业面邻近周围照度可低于作业面照度,但不宜低于表2-5的数值。实际照度与照度标准值的偏差不应超过±10%。

表2-5 作业面邻近周围照度

作业面照度(lx)	作业面邻近周围照度(lx)
≥750	500
500	300
300	200
≤200	与作业面照度相同

③室内照明光源色表特征及适用场所宜符合表2-6的规定。

表2-6 光源色表特征及适用场所

相关色温(K)	色表特征	适用场所
<3 300	暖	客房、卧室、病房、酒吧
3 300~5 300	中间	办公室、教室、阅览室、商场、诊室、检验室、实验室、控制室、机加工车间、仪表装配室

④荧光灯灯具效率不应低于表2－7的值。

表2－7　荧光灯效率

灯具出口光形式	开敞式	保护罩(玻璃或塑料)		格栅
		透明	磨砂、棱镜	
灯具效率	75%	65%	55%	60%

⑤不同场所照明标准值和功率密度标准值应符合建筑照明设计标准的规定值。

⑥公共建筑的公共场所的照明按建筑使用条件和天然采光状况采取分区、分组控制措施。

⑦公共建筑作业区域内的一般照明照度均匀度不应小于0.7,而作业面邻近周围的照度均匀度不应小于0.5。

2.3　给水系统节能理论与目标

2.3.1　给水系统组成和分类

建筑给水系统通常是由引入管、水表节点、给水管、贮水加压设备、给水附件和配水设施等构成的。水泵机组的电能消耗占电能总消耗的20%以上,而一般城镇水厂泵站消耗的电费占制水成本的40%～70%。

2.3.2　给水系统性能提升原理

1. 建筑给水耗热量

①全日供应热水建筑集中热水供应系统小时耗热量计算公式为:

$$Q_h = K_h \frac{mq_r C(t_r - t_1)\rho_r}{T} \tag{2-33}$$

式中　Q_h——设计小时耗热量,kJ/h;

m——用水设计单位数,人数或床位数;

q_r——热水用水定额,L/(人·d)或L/(床·d);

C——水的比热,$C=4.187$ kJ/(kg·℃);

t_r——热水温度,$t_r=60$ ℃;

t_1——冷水温度,℃;

ρ_r——热水密度,kg/L;

T——每日使用时间,h;

K_h——小时变化系数。

②定时供应热水建筑集中热水供应系统小时耗热量计算公式为：

$$Q_h = \sum q_h(t_r - t_1)\rho_r n_0 bC \tag{2-34}$$

式中　Q_h——设计小时耗热量，kJ/h；

q_h——卫生器具热水的小时用水定额，L/h；

C——水的比热，C =4.187 kJ/(kg·℃)；

t_r——热水温度，℃；

t_1——冷水温度，℃；

ρ_r——热水密度，kg/L；

n_0——同类型卫生器具数；

b——卫生器具的同时使用百分数，%。

③设计小时热水量计算公式为：

$$q_{rh} = \frac{Q_h}{(t_r - t_1)C\rho_r} \tag{2-35}$$

式中　q_{rh}——设计小时热水量，L/h；

Q_h——设计小时耗热量，kJ/h；

t_r——设计热水温度，℃；

t_1——设计冷水温度，℃。

2. 建筑给水输配能耗

建筑给水系统中的损失主要有两个方面：水量损失和能耗。设建筑共有 n 层，每层高度相同，各楼层用水量为 $q_i(i=1,\cdots,n)$，各楼层配水点的剩余水头为 ΔH_i，水泵出水管到各楼层配水支管的位置高差为 Z_i，沿程与局部水头损失之和为 $\sum h_i$，最不利配水点工作水头均为 H_0，则给水系统的能耗 N_3 为：

$$N_3 = \gamma\Big(\sum_{i=1}^{n} q_i[(Z_n + H_n) - (Z_i + H_i)\sum_{j=i+1}^{n} h_j]\Big) \tag{2-36}$$

式中　N——给水系统的供水能耗，kW；

γ——水的容重，kg/m^3；

q——建筑所需总水量，m^3；

H——水泵所需总扬程，mH$_2$O；

Z——水泵出水口与水支管高差，m；

h_j——每一层的资用压力，N。

令 $k=\gamma/102$，根据能量守恒原理，给水系统的供水能耗 N 可用图 2-1 中矩形 $ABCD$ 的面积表示。

由图 2-1 可知，该高层建筑给水系统的供水总能耗计算公式为：

$$N = \frac{\gamma QH}{102\eta} = k(q_1 + q_2 + \cdots + q_n)(Z_n + H_0 + \sum h_n) \tag{2-37}$$

式中　Z_n——第 n 层楼用水点到水泵吸水池最低水面的距离，m；

$\sum h_n$——水泵出水管到第 n 层楼配水点的总水头损失，mH$_2$O。

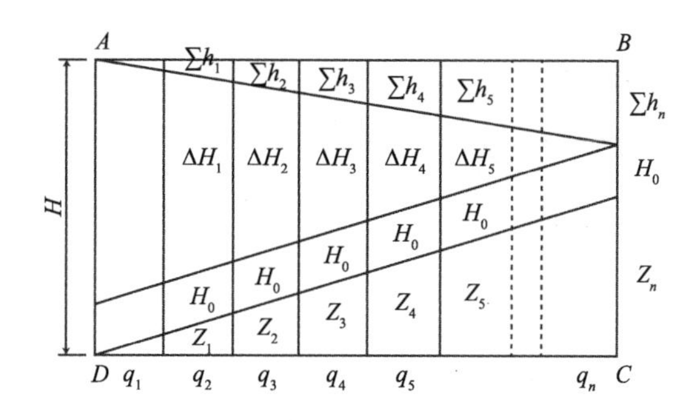

图2－1　给水系统的供水能耗

由上图分析可知：

1楼用水量 q_1 的能耗

$$n_1 = kq_1[(Z_1 + H_1 + \sum h_1) + (Z_n + H_n - Z_1 - H_1 + \sum_{i=2}^{n} h_i)] \tag{2-38}$$

2楼用水量 q_2 的能耗

$$n_2 = kq_2[(Z_2 + H_2 + \sum h_2) + (Z_n + H_n - Z_2 - H_2 + \sum_{i=3}^{n} h_i)] \tag{2-39}$$

i 楼用水量 q_i 的能耗

$$n_i = kq_i[(Z_i + H_i + \sum h_i) + (Z_n + H_n - Z_i - H_i + \sum_{j=i+1}^{n} h_j)] \tag{2-40}$$

n 楼用水量 q_n 的能耗

$$n_n = kq_n[(Z_n + H_n + \sum h_i)] \tag{2-41}$$

式中　n_i——第 i 层楼配水管出流量 q_i 的能耗，kW。

令

$$N_1 = k[\sum_{i=1}^{n} q_i(Z_i + H_i)] \tag{2-42}$$

$$N_2 = k[\sum_{i=1}^{n} q_i \sum_{j=1}^{i} (h_j)] \tag{2-43}$$

$$N_3 = k(\sum_{i=1}^{n} q_i[(Z_n + H_n) - (Z_i + H_i) \sum_{j=1+1}^{n} h_j]) \tag{2-44}$$

由公式(2－42)可知，N_1 为保证最不利配水点的额定流量所需要的最小能耗。N_1 基本是一定的，减小的可能性不大。由公式(2－43)可知，N_2 是弥补在建筑给水过程中管网沿程水头损失和局部水头损失所消耗的能量。由公式(2－44)可知，N_3 是建筑内各层剩余水头消耗的能量。减小剩余水头是节水节能的重要途径。

水泵效率计算公式为：

$$\eta = V\rho g\Delta H/3.6P \tag{2-45}$$

式中　η——水泵效率，%；

V——水泵平均水流量，m^3/h；

ρ——水的平均密度，kg/m^3（可根据水温由物性参数表来定）；

g——自由落体加速度,9.8 m/s^2;

ΔH——水泵进、出口平均压差,m;

P——水泵平均输入功率,kW。

2.3.3 给水系统常见问题

1. 压力问题

在高位供水方式中,给水系统里的最高点是最不利点,静水的压力在供水中是最低的。

2. 卫生间有异味的问题

高层建筑中,水管道没有连接通气管道,所以水管道中的气体没法排解出去,就会产生异味。

3. 水箱、水池位置问题

由于检修口过小,使得检修人员进出水池有些困难;水箱顶部距离结构顶板比较近,同时水箱检修口未靠近浮球阀,没有地方留给人去清洗,如果浮球阀坏了,也没有办法修补。

4. 止回阀安装问题

重力作用向下,止回阀的阀瓣不能自行关闭,起不到止回作用,会导致消防泵运转后部分水进入消防水箱,顶层试水栓压力不够。

5. 热水系统的设计问题

当加热设备向上供水时,下部压力高,压力向上逐步减小,溶于水中的气体逐步分离出来,在管中形成气塞,不能正常出水。

2.3.4 给水系统节能目标

给水系统节能目标包括以下几点。

①集中热水的热源,宜利用余热、废热、可再生能源或空气源热泵。最高日生活热水量大于5 m^3时,不应采用直接电加热热源作为集中热水供应系统的热源。

②以燃气或燃油作为热源时,宜采用燃气或燃油机组直接制备热水。当采用锅炉制备生活热水或开水时,锅炉效率不应低于相关标准的限定值。

③当采用空气源热泵制备生活热水时,制热量大于10 kW的热泵热水机在名义制热工况和规定条件下,性能系数(*COP*)不宜低于表2-8的规定,并应有保证水质的有效措施。

表2-8 热泵热水机性能系数

制热量 H(kW)	热水机型式		普通型	低温型
$H \geq 10$	一次加热式		4.40	3.70
	循环加热	不提供水泵	4.40	3.70
		提供水泵	4.30	3.60

④变频调速泵宜采用双电源或双回路供电方式。

⑤气压水罐内的最低工作压力，应满足管网最不利处的配水点所需水压；气压水罐内的最高工作压力，不得使管网最大水压处配水点的水压大于0.55 MPa。

⑥水泵吸水管与吸水总管的连接，应采用管顶平接，或高出管顶连接；吸水总管内的流速应小于1.2 m/s。

⑦自吸式水泵应有安全余量，安全余量应不小于0.3 m。

2.4　围护结构系统节能理论与目标

2.4.1　围护结构传热分析与理论

围护结构各构件传热系数通常用K来表示。在进行“有效系数法”耗热量计算时，需要对传热系数乘以修正系数进行修正，得到有效传热系数K'，相应的计算公式为：

$$K=\frac{1}{R}=\frac{1}{R_n+\sum\frac{d}{l_c}+R_e}K' \tag{2-46}$$

式中　K——围护结构传热系数，$W/(m^2\cdot K)$；

K'——围护结构有效传热系数，$W/(m^2\cdot K)$（$K'=\varepsilon_1 K$，ε_1为围护结构传热系数修正系数）；

R——围护结构总传热阻，$(m^2\cdot K)/W$；

R_n——围护结构内表面换热阻，$(m^2\cdot W)/K$（取值为$0.11(m^2\cdot W)/K$）；

R_e——围护结构外表面换热阻，$(m^2\cdot W)/K$（取值为$0.04(m^2\cdot W)/K$）；

d——围护结构各层材料相应厚度，m；

l_c——材料定型尺寸，m。

1. 外墙传热分析和计算

通过外墙等不透光建筑外围护结构的传热形式可看成一维的、非稳态、非均质的平板导热，导热方向为平板（外墙）厚度方向，假设板壁（外墙）厚度为x，在该方向上的热平衡微分方程为：

$$\frac{\partial t}{\partial\tau}=\alpha(\xi)\frac{\partial^2 t}{\partial x^2}+\frac{\partial a(x)}{\partial(x)}\frac{\partial t}{\partial x} \tag{2-47}$$

将平板（外墙）外壁面设定为$x=0$，围护结构（外墙）内壁面设定为$x=\delta$，同时考虑短波辐射、长波辐射、围护结构（外墙）内外壁面空气的温差作用，给出以下边界条件：

$$\alpha_{out}=[t_{a,out}(\tau)-t(0,\tau)]+Q_{sol}+Q_w=-\lambda(x)\frac{\partial t}{\partial x}\bigg|_{x=0} \tag{2-48}$$

$$\alpha_m[t(\delta,t)-t_{a,in}(\partial\tau)]+\sigma\sum_{j=1}^{m}x_j\varepsilon_j[T^4(\delta,\tau)-T_j^4(\tau)]-Q_{shw}=-\lambda(x)\frac{\partial t}{\partial x}\bigg|_{x=\delta} \tag{2-49}$$

初始条件为：

$$t(x,0)=f(x) \tag{2-50}$$

式中 $a(x)$——墙体材料系数，m^2/s；

τ——时间，s；

δ——板壁（墙体）厚度，m；

$t(\delta,\tau)$，$T(\delta,\tau)$——墙体中各点的温度，℃；

$t_{a,in}(\tau)$——围护结构内侧的空气温度，℃；

$t_{a,out}(\tau)$——围护结构外侧的空气温度，℃；

$\lambda(x)$——墙体材料的导热系数，W/(m·K)；

α_{out}——围护结构外表面换热系数，$W/(m^2 \cdot ℃)$；

α_{in}——围护结构内表面换热系数，$W/(m^2 \cdot ℃)$；

Q_{sol}——围护结构外表面接受的太阳辐射热量，W/m^2；

Q_{lw}——围护结构表面接受的长波辐射热量，W/m^2；

Q_{shw}——围护结构内表面接受的短波辐射热量，W/m^2；

x_j——所分析的围护结构内表面与第 j 个室内表面之间的角系数；

ε_j——所分析的围护结构内表面与第 j 个室内表面之间的系统黑度；

m——室内表面的个数（除被考察的维护机构以外）；

$T_j(\tau)$——第 j 个室内表面的温度，K。

下标：a——空气；

in——室内侧；

out——室外侧；

lw——长波辐射；

shw——短波辐射；

sol——太阳辐射。

2. 外窗传热分析和计算

外窗传热主要包括三个部分：辐射传热、对流传热和导热。外窗的传热是三种传热共同作用的结果。具体计算公式如下所示。

（1）通过外窗的传热量

$$HG_{wind,cond}=K_{wind}F_{wind}(t_{a,out}-t_{in}) \tag{2-51}$$

式中 $HG_{wind,cond}$——通过外窗的传热得到的热量，W；

K_{wind}——外窗的总传热系数，包括框架的影响，$K/(m^2 \cdot ℃)$；

F_{wind}——外窗的总传热面积，m^2。

（2）通过玻璃的太阳辐射得到热量

$$HG_{glass,s}=I_{Di}\tau_{glass,Di}+I_{dif}\tau_{glass,dif} \tag{2-52}$$

式中 I——太阳辐射照度，W/m^2；

τ_{glass}——玻璃的透射率，W/m^2。

(3)通过外窗的太阳辐射得到的热量

$$HG_{\mathrm{wind,sol}} = (SSG_{\mathrm{Di}}X_{\mathrm{s}} + SSG_{\mathrm{dif}})\mathrm{C}_{\mathrm{s}}C_{\mathrm{n}}X_{\mathrm{wind}}F_{\mathrm{wind}} \tag{2-53}$$

式中　$HG_{\mathrm{wind,sol}}$——通过外窗的太阳辐射得到的热量,W;

X_{wind}——外窗有效面积系数;

F_{wind}——外窗面积,m^2;

C_{n}——遮阳设施的遮阳系数;

C_{s}——玻璃对太阳辐射的遮挡系数;

X_{s}——阳光实际照射面积比,即透过外窗的光斑面积与外窗面积之比。

综上所述,通过外窗的瞬态总得热量等于通过外窗的传热得热量与太阳辐射得热量之和。

2.4.2　既有公共建筑围护结构常见问题

20世纪90年代及之前建造的公共建筑围护结构热工性能差,外墙大部分采用实心黏土砖墙,外窗多数采用单层玻璃,门窗传热量大;全年建筑能耗的高峰在冬季,冬季建筑能耗对建筑能耗的最大值起决定性作用。

2.4.3　围护结构节能目标

围护结构节能目标包括以下几点。

①严寒地区甲类公共建筑各单一立面窗墙面积比(包括透光幕墙)均不宜大于0.60;其他地区甲类公共建筑各单一立面窗墙面积比(包括透光幕墙)均不宜大于0.70。

②围护结构热工系数应符合表2-9至表2-11(地区分区按照《公共建筑节能设计标准》的规定)。

表2-9　屋面的传热系数基本要求

	严寒A、B区	严寒C区	寒冷地区	夏热冬冷地区	夏热冬暖地区
传热系数(W/($\mathrm{m}^2\cdot\mathrm{K}$))	≤0.35	≤0.45	≤0.55	≤0.70	≤0.90

表2-10　外墙(包括非透光幕墙)的传热系数基本要求

	严寒A、B区	严寒C区	寒冷地区	夏热冬冷地区	夏热冬暖地区
传热系数(W/($\mathrm{m}^2\cdot\mathrm{K}$))	≤0.45	≤0.50	≤0.56	≤1.0	≤1.5

表 2－11　外窗(包括透光幕墙)的传热系数和太阳得热系数基本要求

气候分区	窗墙面积比	传热系数(W/(m^2 · K))	太阳得热系数 *SHGC*
严寒 A、B 区	0.40 < 窗墙面积比≤0.60	≤2.5	—
	窗墙面积比 >0.60	≤2.2	
严寒 C 区	0.40 < 窗墙面积比≤0.60	≤2.6	—
	窗墙面积比 >0.60	≤2.3	
寒冷地区	0.40 < 窗墙面积比≤0.70	≤2.7	—
	窗墙面积比 >0.70	≤2.4	
夏热冬冷地区	0.40 < 窗墙面积比≤0.70	≤3.0	≤0.44
	窗墙面积比 >0.70	≤2.6	
夏热冬暖地区	0.40 < 窗墙面积比≤0.70	≤4.0	≤0.44
	窗墙面积比 >0.70	≤3.0	

③严寒、寒冷地区透明幕墙的传热系数小于 1.8 W/(m^2 · K)。

④外窗单位缝长渗透量应小于或等于 1.5 m^3/(m · h)或受检外窗单位面积分级指标值应小于或等于 4.5 m^3/(m^2 · h);幕墙开启部分渗透量应小于或等于 1.5 m^3/(m · h),幕墙整体渗透量应小于或等于 2.0 m^3/(m^2 · h)。

2.5　成本效益与技术经济分析

成本效益分析(Cost-Benefit Analysis,简称 CBA)是通过比较项目的全部成本和效益来评估项目价值的一种方法,作为一种经济决策方法,将成本效益分析法运用于政府部门的计划决策之中。在采用成本效益分析法对项目进行评估时,主要是通过将项目的各个方案进行比选,从中选择出总效益远远高出总成本的方案。

2.5.1　成本效益分析的特点

成本效益分析的特点包括以下几点。

①对公共建筑的增量成本和增量效益进行分析和评价。

②应对公共建筑产生的环境和社会效益进行量化分析。

③公共建筑的成本效益分析评价最终也归结于可靠的数字度量,要运用经济的方法对成本效益进行评价。

2.5.2　成本效益分析评价

成本效益分析常用的评价指标有经济净现值(*ENPV*)和效益成本比(*BCR*)两种。

1. 经济净现值($ENPV$)

该指标可以直接比较项目的成本和效益,即按照净现值的标准来判断项目的可行性,其公式为:

$$ENPV=\sum_{t=0}^{n}(B-C)_t(1+i_s)^{-t} \tag{2-54}$$

式中　i_s——社会折现率。

判别准则:若 $ENPV \geqslant 0$,表示项目可行,且 $ENPV$ 越大,说明此项目能够产生的效益越高,若 $ENPV$ 小于0,则该项目不可行,说明预期效益不能抵偿投入的成本。

2. 效益成本比(BCR)

效益成本比就是效益现值与成本现值的比值。这个指标较经济净现值具备更强的操作性,应用也比较广泛。其公式为:

$$BCR=\frac{B}{C}=\frac{\sum_{t=1}^{n}B_t(1+i_s)^{-t}}{\sum_{t=1}^{n}C_t(1+i_s)^{-t}} \tag{2-55}$$

式中　BCR——效益成本比;

B_t——第 t 期的效益,万元;

C_t——第 t 期的成本,万元。

根据上述公式,如果一个项目的效益成本比大于1,则说明这个项目具备可行性;反之,则该项目就是不可行的。效益成本比是一个相对指标,它表示的是将最初投入的成本贴现后,单位成本所产生的效益。

3. 静态投资回收期

静态投资回收期是不考虑资金时间价值时计算得到的投资回收期。自投资开始年算起,静态投资回收期的计算公式为:

$$\sum_{k=0}^{Y}(CI-CO)_k=0 \tag{2-56}$$

式中　Y——静态投资回收期;

$(CI-CO)_k$——第 k 年的净现金流量,万元。

2.5.3　成本效益分析流程

成本效益分析流程图如图2-2所示。

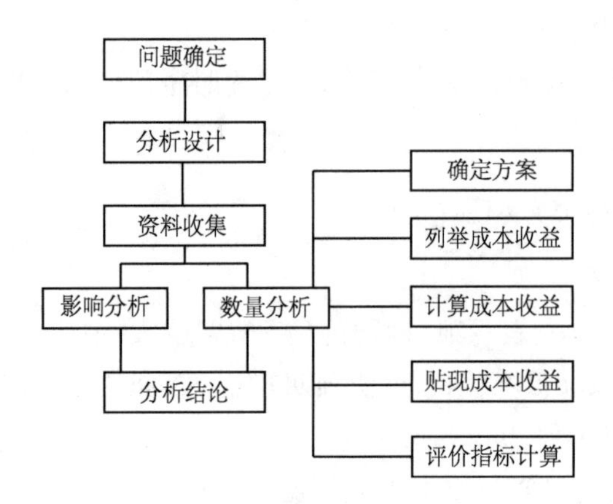

图 2－2 成本效益分析流程图

2.5.4 成本效益分析计算

1. 增量成本

改造成本计算公式为：

$$c_0 = c_1 + c_2 + c_3 = \sum_i c_i + \sum_j c_j + c_3, i \in \{a,b\}, j \in \{d,e,f,g\} \quad (2-57)$$

式中 c_1——前期成本，包括节能改造评估成本、招标成本，万元；

c_2——改造设施阶段的成本，包括方案设计成本、设备成本、施工安装成本、维护成本，万元；

c_3——拆除成本，万元。

2. 增量效益

节能改造的效益分为隐性效益和显性效益。显性效益即为节省的电能，假设每年节省能源为 ΔE_i，能源价格为 h_i（为方便计算，h_i 取年平均值），则每年的增量效益 CI_i 计算公式为：

$$CI_i = \Delta E_i \cdot h_i \quad (2-58)$$

式中 ΔE_i——改造前的能耗减去改造后某年的能耗。

3. 资本回收期分析

如果不考虑节能改造资金的时间价值和能源涨幅，则可以用静态资本回收方法来分析投资回收期，其计算公式为：

$$g(T) = \sum_{i=1}^{T} CI_i - CO \quad (2-59)$$

式中 CO——初始投资额。

如果考虑节能改造资金的时间价值和能源涨幅，整个节能改造项目的成本效益使用投资动态回收期来表示。投资动态回收期是改造项目的增量效益抵偿增量成本所需年限。

取年度折现率为 p，能源价格涨幅为 e，资本动态回收期计算公式为：

$$g(T)=\sum_{i=1}^{T}\frac{CI_i\,(1+e)^{i-1}}{(1+p)^{i-1}}-CO \tag{2-60}$$

式中　T——使等式为0的值。

项目资本动态回收期的影响因素有改造的增量效益和增量成本，另外折现率与能源价格的变化幅度也会对回收期产生影响。

4. 净现值(NPV)

净现值指未来资金(现金)流入(收入)现值与未来资金(现金)流出(支出)现值的差额。净现值是指节能改造后每年的增量收益和折算成改造投资当年的现值减去改造投资成本的差，其计算公式为：

$$NPV=\sum_{i=1}^{20}\frac{CI_i\,(1+e)^{i-1}}{(1+p)^{i-1}}-CO \tag{2-61}$$

式中　NPV——净现值，万元；

CI_i——第i年现金流量，即第i年节省的能源对应的价值，万元；

p——折现率，%。

如果NPV值大于0，说明投资是合算的；如果NPV值小于0，说明投资不合算。净现值反映投资项目资金的时间价值和节能改造的经济价值，是重要的决策参考依据。

第3章　既有大型公共建筑用能系统诊断

3.1　诊断简介

3.1.1　诊断内容和目的

既有公共建筑用能诊断是指通过对建筑进行现场调研和对建筑设备历史运行记录进行统计分析等，定位建筑用能问题，为后续系统的运行调节、节能改造等提供依据。范围涵盖建筑围护结构热工性能、暖通空调系统、生活热水系统、照明系统、供配电系统质量等，如表3－1所示。

表3－1　建筑用能诊断指标示例

<table>
<tr><th>大类</th><th>子类</th><th>小类</th><th>指标项</th></tr>
<tr><td rowspan="10">围护结构
热工性能</td><td rowspan="4">墙体/屋顶</td><td rowspan="4">保温性能</td><td>主体部分导热系数</td></tr>
<tr><td>冷热桥部位</td></tr>
<tr><td>窗墙比</td></tr>
<tr><td>气密性</td></tr>
<tr><td rowspan="6">窗户/幕墙</td><td rowspan="3">保温性能</td><td>传热系数</td></tr>
<tr><td>气密性</td></tr>
<tr><td>窗框材质/构型</td></tr>
<tr><td rowspan="3">透光性</td><td>太阳得热系数</td></tr>
<tr><td>遮阳系数</td></tr>
<tr><td>可见光透射比</td></tr>
<tr><td rowspan="11">暖通空调系统</td><td rowspan="8">系统节能</td><td>空调能耗</td><td>单位面积能耗</td></tr>
<tr><td rowspan="2">冷热源效率</td><td>冷水机组 COP</td></tr>
<tr><td>锅炉热效率</td></tr>
<tr><td rowspan="3">输配系统能效</td><td>风机单位风量耗功率</td></tr>
<tr><td>冷却水输送能效比</td></tr>
<tr><td>冷却水输送系数</td></tr>
<tr><td>空调末端能效</td><td>空调末端能效比</td></tr>
<tr><td>室内热湿环境</td><td>温度、湿度、风速</td></tr>
<tr><td rowspan="3">室内环境质量控制</td><td>空调水系统</td><td>水力平衡度</td></tr>
<tr><td>空调风系统</td><td>风量平衡度</td></tr>
</table>

续表

大类	子类	小类	指标项
		室内空气品质	CO_2 浓度
			新风量
生活热水系统	热源	效率	锅炉效率
	输配	稳定性	放水时间
			噪声
		管道保温	热源出口与末端温差
照明系统	电气系统节能	照明	灯具、整流器效率
			照明功率密度
		BAS 系统	控制策略合理性
	照明质量	照明质量	照度
			显色指数
			统一眩光值
供配电系统质量	电气系统质量	供配电	三相电压不平衡度
			配电变压器能效限定值
			配电变压器节能评价值

以下章节将针对上表中的主要指标进行介绍和规定其对应的限值。

3.1.2　诊断指标

3.1.2.1　暖通系统诊断指标

1. 冷源系统

冷源系统主要采用制冷系统的能效比作为系统性能评价指标，按式(2－2)～(2－4)计算。冷源系统的能效比限值如表3－2所示。

表3－2　冷源系统的能效比限值

类型	单台额定制冷量　单位(kW)	系统能效比
水冷冷水机组	≤528	1.8
	528～1 163	2.1
	≥1 163	2.5
风冷冷水机组	≤50	1.4
	>50	1.6

2. 热源系统

热源系统主要以式(2－5)作为系统性能评价指标。锅炉热效率限值如表3－3所示。

表3-3 锅炉热效率限值

锅炉类型		额定蒸发量 D(t/h)					
		<1	1~2	2~6	6~8	8~20	>20
燃油、燃气锅炉	重油	86	86	88	88	88	88
	轻油	88	88	90	90	90	90
	燃气	88	88	90	90	90	90
层状燃烧锅炉		75	78	80	80	81	82
链条炉排锅炉		-	-	-	82	82	83
流化床燃烧锅炉		-	-	-	84	84	84

3. 输配系统

对于输配系统，通常采用式(2-11)计算出水输送系数衡量系统性能。

4. 末端系统

对于暖通空调系统末端，主要采用系统末端能效比作为评价指标。按式(2-14)~(2-16)计算。末端能效比限值如表3-4所示。

表3-4 末端能效比限值

系统末端类型	末端能效比限值	
	全年累计工况	典型工况
全空气系统	6	8
风机盘管+新风系统	9	12
风机盘管系统	24	32

3.1.2.2 暖通设备诊断指标

1. 冷水机组

对于电驱动蒸汽压缩式制冷循环的冷水机组，采用式(2-2)作为指标。机组性能系数参考值如表3-5和表3-6所示。

表3-5 冷水机组性能系数参考值

机组类型		名义制冷量(kW)	严寒A、B	严寒C	寒冷	夏热冬冷	夏热冬暖	温和
水冷	活塞/涡旋	≤528	4.1	4.1	4.1	4.2	4.4	4.1
		≥528	4.6	4.7	4.7	4.8	4.9	4.7
	螺杆式	528~1 163	5.0	5.0	5.1	5.2	5.3	5.0
		≥1 163	5.2	5.3	5.5	5.6	5.6	5.4

续表

机组类型		名义制冷量(kW)	严寒A、B	严寒C	寒冷	夏热冬冷	夏热冬暖	温和
水冷	离心式	≤1 163	5.0	5.0	5.2	5.3	5.4	5.1
		1 163～2 110	5.3	5.4	5.5	5.6	5.7	5.4
		>2 110	5.7	5.7	5.8	5.9	5.9	5.7
风冷/蒸发冷却	活塞/涡旋	≤50	2.6	2.6	2.6	2.7	2.8	2.6
		>50	2.8	2.8	2.8	2.9	2.9	2.8
	螺杆式	≤50	2.7	2.7	2.8	2.9	2.9	2.7
		>50	2.9	2.9	3.0	3.0	3.0	2.9

表3-6　溴化锂吸收式机组性能系数参考值

机型	运行工况	性能参数		
	蒸汽压力(MPa)	单位制冷量蒸汽消耗量(kg/(kW·h))	性能系数	
			制冷	供热
蒸汽双效	0.25	≤1.56	-	-
	0.40		-	-
	0.60	≤1.46	-	-
	0.80	≤1.42	-	-
直燃机组	-	-	≥1.0	-
	-	-		≥0.8

2. 水泵

把水泵实际运行工况下按式(2-10)计算出的效率作为评价指标。诊断内容不是水泵本身是否为高效产品，而是在实际工程中水泵的实际工作状况。

3. 冷却塔

对冷却性能的评价主要通过冷却塔实际运行效率、冷却塔飘滴损失水率、风机耗电比这三个指标，按式(2-6)、(2-7)及(2-9)计算。

4. 换热器

换热器效率是表征换热器性能的重要指标。

对于水—水换热器计算公式为：

$$\eta_{ex}=\frac{G_2(T_4-T_3)}{G_1(T_1-T_2)} \tag{3-1}$$

式中　η_{ex}——换热器效率；

T_1——换热器一次侧进水温度，℃；

T_2——换热器一次侧出水温度，℃；

T_3——换热器二次侧进水温度，℃；

T_4——换热器二次侧出水温度，℃；

G_1——一次侧水流量,m^3/h;

G_2——二次侧水流量,m^3/h。

对于汽—水换热器计算公式为:

$$\eta_{ex}=\frac{G_2(T_4-T_3)}{G_g(H_g-H_n)} \tag{3-2}$$

式中 G_g——一次侧蒸汽流量,kg/h;

H_g——蒸汽焓值,kJ/kg;

H_n——凝结水焓值,kJ/kg。

5. 风机盘管

将单位风量耗功率作为风机盘管的评价指标,其计算公式为:

$$W_e=\frac{N_f}{Q_f} \tag{3-3}$$

式中 W_e——风机盘管单位风量耗功率,$W/(m^3/h)$;

Q_f——风机盘管出风量,m^3/h;

N_f——风机盘管耗电量,W。

6. 风机

以风机单位风量耗功率按式(2-12)计算作为指标,限值如表3-7所示。

表3-7 单位风量耗功率

系统形式	W_s 限值
机械通风系统	0.27
新风系统	0.24
办公建筑定风量系统	0.27
办公建筑变风量系统	0.29
商业、酒店建筑全空气系统	0.30

3.1.2.3 室内环境质量指标

建筑暖通空调系统运行的首要目的是为了满足室内人员热舒适性的要求,只有在这个前提下,再谈系统的节能运行才有意义。

1. 室内空气质量

室内空气质量是使室内人员健康舒适的保障,表3-8为国内现行标准《室内空气质量标准》(GB/T 18883—2002)中的部分参数标准。

表 3 - 8　室内空气质量标准

参数	单位	限值	备注
温度	℃	22 ~ 28	夏季空调
		16 ~ 24	冬季采暖
相对湿度	%	40 ~ 80	夏季空调
		30 ~ 60	冬季采暖
空气流速	m/s	0.3	夏季空调
		0.2	冬季采暖
一氧化碳 CO	mg/m^3	10	1 h 均值
二氧化碳 CO_2	%	0.10	日平均值

2. 室内热舒适性的诊断与评价

对于建筑室内热舒适性的评价指标，目前比较常用的是 PMV 评价指标。PMV 指标采用 7 级分度表示，具体如表 3 - 9 所示：

表 3 - 9　PMV 热感觉标尺

热感觉	热	暖	微暖	适中	微凉	凉	冷
PMV	3	2	1	0	- 1	- 2	- 3

3.1.2.4　生活热水系统指标

换热器的效率在 3.1.4.4 节已经介绍过，此处不再赘述。运行良好的锅炉应满足表 3 - 10。

表 3 - 10　燃油（燃气）锅炉额定负荷效率

类型	效率(%)
水管锅炉标准型(4 ~ 40 t/h)	85 ~ 88
水管锅炉节能型	90 ~ 92
炉筒烟管锅炉标准型(0.5 ~ 10 t/h)	85 ~ 88
炉筒烟管锅炉节能型	90 ~ 92
多管直流锅炉标准型(4 ~ 40 t/h)	83 ~ 87
多管直流锅炉节能型	90
小容量锅炉（组合锅炉、真空锅炉）	85 ~ 90

3.1.2.5　照明系统指标

对照明系统和室内设备的节能诊断应根据系统设置情况，有以下指标可供选择：①照明灯具效率和照度值；②照明功率密度值；③公共区域照明控制自动化程度及覆盖范围；④有效利用自然光情况；⑤照明节电率检验。

照明系统的节能诊断还应检查有效利用自然光情况。表3－11给出了公共建筑的一些典型位置的采光标准。

表3－11 公共建筑采光标准

建筑性质	房间名称	采光系数最低值 C_{min}(%)	窗地面积比 A_c/A_d
办公楼	办公室	2	2
	视屏工作室	3	1
	设计室、绘图室	3	1/5
学校	教室、实验室	2	1/5
	阶梯教室、报告厅	2	1/5
	阅览室	2	1
图书馆	书库	2	1/12
	目录室	1	1/12
旅馆	客房	1	2
	大堂	1	1/5
	会议室	2	1/5
医院	药房	2	—
	检查室	1	1
	候诊室	2	2
	病房	1	—
	诊疗室	2	1/7
	治疗室	2	1/5

照明总电耗计算公式为：

$$E=\sum_{i=1}^{j}\frac{p_i}{n}\times m \tag{3-4}$$

式中 E——照明总电耗，kW·h；

p_i——第 i 条供电回路同类灯具电耗，kW·h；

n——供电回路上灯具数量，个；

m——功能区内同类灯具数量，个。

若建筑曾经进行过照明系统节能改造工程，则照明系统节电率应按照下列公式计算为：

$$\eta=1-\frac{E'+A}{E}\times 100\% \tag{3-5}$$

式中 η——节电率，%；

E'、E——改造前后照明电耗量，kW·h；

A——调整量，kW·h。

3.1.2.6　供配电系统指标

1. 三相电压不平衡

不平衡度用电压、电流的负序基波分量或零序基波分量与正序基波分量的方均根值百分比表示。

$$\left.\begin{aligned}\varepsilon_{U_2} &= \frac{U_2}{U_1}\times 100\% \\ \varepsilon_{U_0} &= \frac{U_0}{U_1}\times 100\%\end{aligned}\right\} \tag{3-6}$$

式中　ε_{U_2}——电压负序不平衡度；

ε_{U_0}——电压零序不平衡度；

U_0——三相电压的零序分量方均根值，V；

U_1——三相电压的正序分量方均根值，V；

U_2——三相电压的负序分量方均根值，V。

在没有零序分量的系统中，若已知三相量 a，b，c，则求负序不平衡度公式为：

$$\varepsilon_2 = \sqrt{\frac{1-\sqrt{3-6L}}{1+\sqrt{3-6L}}}\times 100\% \tag{3-7}$$

式中　$$L=(a^4+b^4+c^4)/(a^2+b^2+c^2)^2 \tag{3-8}$$

电力系统公共连接点的电压不平衡度限值为：

①电网正常运行时，负序电压不平衡度不超过2%，短时不超过4%；接于公共连接点的每个用户引起该点负序电压不平衡度允许值为1.3%，短时不超过2.6%。

②对于电力系统的公共连接点，供电电压负序不平衡度测量值的10分钟方均根值的95%概率大值不应大于2%，所有测量值中的最大值不应大于4%。

2. 配电变压器能效限定值和节能评价值

配电变压器能效限定值指在规定测试条件下，配电变压器空载损耗和负载损耗的允许最高限值，单位为W；配电变压器节能评价值指在规定测试条件下，评价节能配电变压器空载损耗和负载损耗的最高值，单位为W。

配电变压器能效等级分为3级，其中1级能耗最低。油浸式变压器和干式变压器的空载损耗和负载损耗值应满足GB 20052—2013《三相配电变压器能效限定值及能效等级》的相关要求，油浸式变压器还应额外满足GB 24790—2009《电力变压器能效限定值及能效等级》的相关要求。

3.1.2.7　围护结构诊断指标

外围护结构主体部位传热系数以热流计法测定。热流计法先测出被测围护结构的热流密度以及内、外表面温度值，按式(3-9)计算出热阻，再利用公式(3-1)与(3-2)计算出外墙、屋面的传热系数。

$$R=\frac{\sum_{j=1}^{n}(Q_{ij}-Q_{ej})}{\sum_{j=1}^{n}q_j} \tag{3-9}$$

式中 R——围护结构的热阻，$(m^2\cdot K)/W$；

Q_{ij}——围护结构内表面温度的第 j 次测量值，℃；

Q_{ej}——围护结构外表面温度的第 j 次测量值，℃；

q_j——热流密度的第 j 次测量值，W/m^2。

然后，再根据公式(2-42)计算出围护结构传热系数。窗玻璃的传热系数计算公式为：

$$\frac{1}{k}=\frac{1}{h_e}+\frac{1}{h_t}+\frac{1}{h_i} \tag{3-10}$$

式中 h_e——玻璃的室外表面换热系数；

h_t——多层玻璃系统内部热传导系数；

h_i——玻璃的室内表面换热系数。

窗框的传热系数计算公式为：

$$U_f=\frac{L_f^{2d}-U_p\cdot b_p}{b_f} \tag{3-11}$$

式中 U_f——窗框的传热系数，$W/(m^2\cdot K)$；

L_f^{2d}——截面的导热系数，$W/(m\cdot K)$；

U_p——板的传热系数，$W/(m^2\cdot K)$；

b_f——窗框的投影宽度，m；

b_p——镶嵌板可见部分的宽度，m。

整窗的传热系数计算公式为：

$$U_t=\frac{\sum A_gU_g+\sum A_fU_f+\sum \lambda_\psi\psi}{A_t} \tag{3-12}$$

式中 A_t——整窗的总面积，m^2；

A_g——窗玻璃面积，m^2；

A_f——窗框投射面积，m^2；

λ_ψ——玻璃区域的周长，m；

U_g——窗玻璃中央区域的传热系数，$W/(m^2\cdot K)$；

U_f——窗框的传热系数，$W/(m^2\cdot K)$；

ψ——窗框和窗玻璃之间的线传热系数。

窗玻璃或者幕墙整体的太阳能总透射比计算公式为：

$$g_t=\frac{\sum g_gA_g+\sum g_pA_p+\sum g_fA_f}{A_t} \tag{3-13}$$

式中 A_g——透明面板的面积，m^2；

g_g——透明面板的太阳能总透射比；

A_p——非透明面板的面积，m^2；

g_p——非透明面板的太阳能总透射比；

A_f——框的面积，m^2；

g_f——框的太阳能总透射比；

A_t——幕墙整体面积，m^2。

幕墙的遮阳系数定义为幕墙的太阳能总透射比与3 mm标准透明玻璃的太阳能总透射比的比值，其计算公式为：

$$S_C = \frac{g_t}{g_{td}} \tag{3-14}$$

式中　S_C——幕墙系统的遮阳系数；

g_t——幕墙系统的太阳能总透射比；

g_{td}——3 mm标准透明玻璃的太阳能总透射比。

以上指标均应满足GB 50189—2005《公共建筑节能设计标准》和《实用供热空调设计手册》中的相关规定。

3.1.3　数据分析

3.1.3.1　基于专业知识的分析方法

专业知识用能诊断技术主要是凭借传统的专业理论知识、诊断专家个人经验，辅以现场检测及调研数据和信息，对公共建筑及其用能系统和设备进行的一种诊断方法。

表3-12　基于专业知识的分析方法

知识类型	内容
定量模型	运用数学方法揭示和描述对象系统中各要素间的依存关系，以及目标控制特征的一系列数学模型和模拟模型。建立定量模型主要是建立输入与输出的量化关系
定性模型	针对建筑用能系统，利用不完备的先验知识，建立定性模型，描述结构和预测行为，并将预测结构与系统实际的行为进行比较，用于诊断系统是否故障及推断故障原因
统计规律	在一定的条件下存在多种可能的结果，结果出现前人们无法预言会出现哪种结果，但通过大量重复观察，所得结果呈某种规律，称为统计规律性

3.1.3.2　基于数据挖掘的分析方法

随着大数据时代的到来，建筑能耗数据的分析、运用、诊断有了新的方法和技术。基于数据挖掘用能诊断凭借先进的数据分析工具，对公共建筑运行过程中积累的大量数据进行分析，及时发现运行过程中存在的问题和节能潜力点。根据不同的挖掘技巧，可将数据挖掘分为监督学习和无监督学习两类。两种数据挖掘技术分类的代表性方法如表3-13所示。

表3-13 数据挖掘技术分类的代表性方法

<table>
<tr><th colspan="2">数据挖掘类别</th><th>常见方法</th></tr>
<tr><td colspan="2" rowspan="7">监督学习</td><td>回归和逻辑回归 LR</td></tr>
<tr><td>决策树(故障树)DT</td></tr>
<tr><td>随机森林 RF</td></tr>
<tr><td>人工神经网络</td></tr>
<tr><td>朴素贝叶斯分类器 NBM</td></tr>
<tr><td>K 最近邻算法 KNN</td></tr>
<tr><td>支持向量机 SVM</td></tr>
<tr><td rowspan="5">无监督学习</td><td rowspan="2">关联性分析</td><td>Apriori 算法</td></tr>
<tr><td>FP-growth 算法</td></tr>
<tr><td rowspan="3">聚类分析</td><td>k-means 算法</td></tr>
<tr><td>阶层式分群发</td></tr>
<tr><td>模糊 C 均值算法</td></tr>
</table>

3.1.4 诊断思路

3.1.4.1 建筑诊断问题

根据被诊断建筑的实际情况,一方面可以从建筑已有的问题出发,分析问题所关联的系统或设备,然后按照可能会造成此问题的原因,由表及里、逐层递进的方式进行诊断与排查,最终确定问题产生的真正原因;另一方面,在缺乏相关问题/现象的条件下,可以尝试从建筑的整体性能指标出发,快速判定建筑可能存在问题的方向以及与之关联的系统范围,然后再针对各种关联系统进行由表及里、逐层递进的方式进行诊断和排查,最终确定问题产生的原因。

3.1.4.2 需求侧与供应侧分离

对于建筑内每一个具体的系统,可将其进行抽象划分,在宏观上可分为需求侧和供给侧。需求侧指的是为了满足舒适性、工艺性等需求的部分,比如用户对冷量、热量、新风量等的需求;供给侧主要指能够满足用户所需的部件或系统。有效的系统用能诊断,必须要在供给侧与需求侧实行“两手抓”:一方面要评估用户侧的需求是否得到满足,或者某些需求是否合理;另一方面需要在供给侧优化设备运行调节,提高设备、子系统等运行能效。

将需求侧与供给侧剥离,分别进行诊断,认为供给侧与需求侧之间只存在某种交换,这样既简化了系统诊断的内容,也降低了工作量,又一定程度上降低了对分析方法的要求。

3.2 诊断方法

一般从如下几个角度对建筑内系统中的故障进行分类。

1. 按故障产生的原因分类

①磨损性故障;②错用性故障;③固有的薄弱性故障。

2. 按系统功能丧失的程度分类

①永久性故障;②非永久性故障。

3. 按故障发生的速度分类

①突发性故障,又称“硬故障”;②渐发性故障,又叫渐进性故障或“软故障”。

4. 按故障发生的器件分类

①真实部件故障;②传感器故障。

3.2.1 建筑信息调查

对建筑基本信息的搜集是进行节能诊断的前期工作,建筑物基本信息主要包括建筑名称、建筑类型、建筑所处的地理位置、建筑总面积、采暖面积、空调面积、建筑围护结构、建筑暖通空调系统形式等。对于建筑的暖通空调系统形式,一方面要摸查系统主要耗能设备的基本参数信息,另一方面要采集耗能设备的实时运行能耗数据。对于设有能耗检测平台的建筑,系统、设备能耗数据可以直接从平台下载,如果没有能耗检测平台,可以从建筑的能源消费账单中获取分项能耗信息。

3.2.2 冷水机组诊断

冷水机组作为空调系统的核心设备,其运行状态的优劣直接关系到建筑热环境和能耗使用。近年来,得益于电子技术和控制技术的发展,冷水机组的故障诊断正朝着自动化、智能化方向发展。

3.2.2.1 冷水机组常见故障

冷水机组的常见故障按常见频率由高到低排列如下:控制箱、启动器故障;制冷剂不足;冷凝器结垢;膨胀装置;容量控制系统;冷却水流量减少;油泵;轴承;不凝性气体过多;油冷器;冷凝器;冷冻水流量减少;叶轮/叶片;冷凝器电扇/风机;电机烧毁;液体管网;润滑油过多。需要注意的是,不同的发生频率和故障发生的危害程度并不对应。一般来说,预防硬故障的有效措施就是定期巡检,以期通过消除“软故障”来防止“软故障”逐步积累成硬故障造成的严重损失。

3.2.2.2 机组诊断方法

通常,机组故障诊断方法可被分为三类:基于定量物理模型的方法;基于定性物理模型的方法;基于数据的方法。

1. 基于定量物理模型的故障诊断方法

基于定量物理模型的故障诊断方法通常建立在对系统中各组成部件的关系和原理详细了解的基础上,构建系统的输入与输出之间的物理模型。

该方法的优点:可以对系统的输出进行最准确的估计;可以反映系统的动态特性;模型构建不依赖于故障数据。该方法的缺点:精确的物理模型通常是复杂的;模型所需要的一些参数在实际中很难精确获得;过多的参数使用估计值会带来很大的误差。

2. 基于定性物理模型的故障诊断方法

不同于基于定量物理模型的方法,基于定性物理模型的方法通过建立系统输入与输出之间的定性关系式或知识库来分析系统及其部件的状态。基于定性物理模型方法输入的可以是定量的参数,也可以是定性的参数。

该方法的优点:方法简单,容易构建与应用;推理机制透明和推理方式灵活;可以清晰地解释故障的原因。该方法的缺点:很大程度上依赖构建者的经验与知识水平;获得包含全部规则的规则库是困难的;规则库的更新与拓展困难。

3. 基于数据的故障诊断方法

相比基于定量物理模型和基于定性物理模型的方法,基于数据的方法既不需要构建精确的或简化的物理模型,也不需要依赖大量的专家知识,而是通过构建灰箱或黑箱模型来确定系统的输入与输出之间的关系,如图 3 – 1 所示。

该方法的优点:适合于机理不明确的复杂系统;有着丰富的集成既有成熟算法的软件包可供使用。该方法的缺点:需要大量的数据用以构建模型;模型有着有限的外延性,只适用于数据来源的系统。

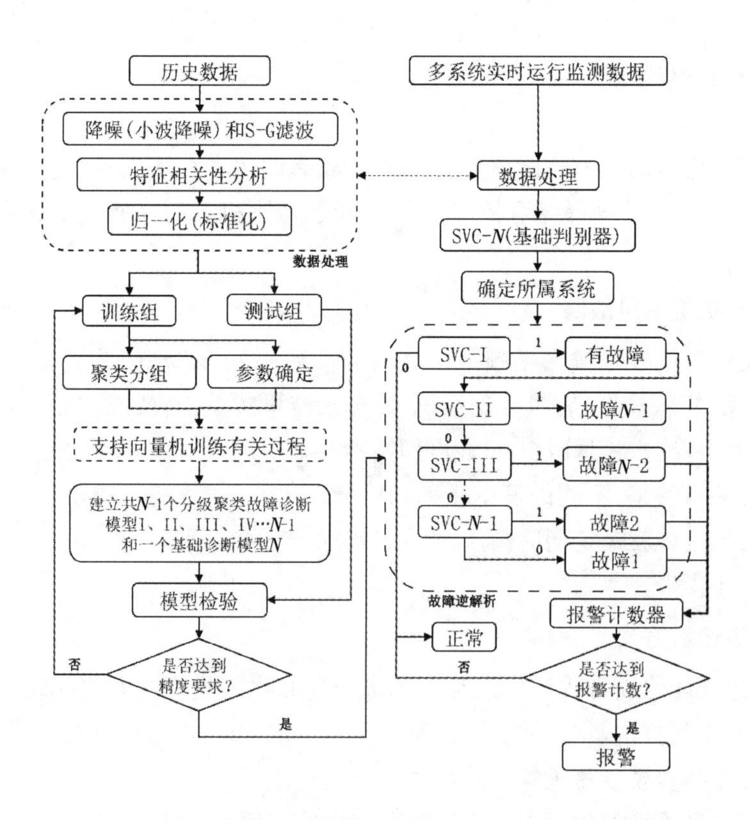

图 3 – 1 一种基于支持向量机和聚类分析的机组故障诊断流程

3.2.3 照明系统诊断

照明系统诊断方法包含以下内容:照明系统施工图纸获取;照明设备能耗、能效统计;损坏情况统计;实际光照强度测量;光强分布合理性评价;照明控制系统评价。

光强分布计算中,各个平面计算和角度变化的关系如图 3 - 2 所示。

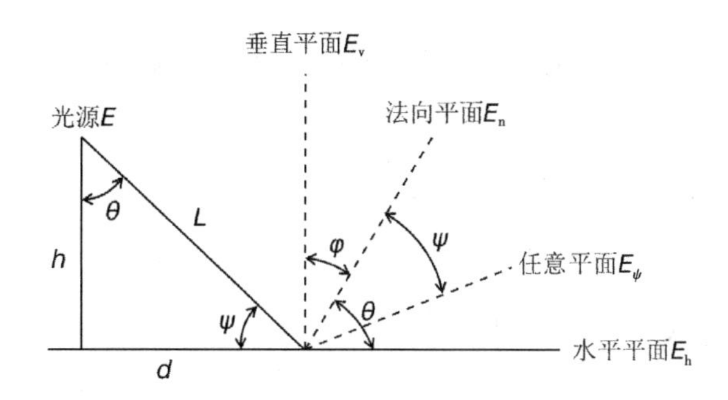

图 3 - 2 各个平面计算和角度变化的关系

在法相平面上光源法向照度为:

$$E_n = \frac{1}{L^2} \tag{3-15}$$

水平与法向平面上光通量相等,可得:

$$E_h H = E_n N \tag{3-16}$$

式中 E_h——水平面上的照度。

$$\frac{h}{L} = \cos\theta \tag{3-17}$$

可得:

$$E_h = E_n \cos\theta = \frac{1}{L^2}\cos\theta = \frac{1}{h^2}\cos^3\theta \tag{3-18}$$

同理可得,垂直平面上的照度为:

$$E_v = \frac{1}{L^2}\cos\varphi = E_n \cos\varphi = E_n \sin\theta \tag{3-19}$$

推广到任意平面,假设该平面与法向平面的夹角为 Ψ 则有:

$$E_\Psi = E_n \cos\Psi \tag{3-20}$$

等照度曲线查出灯具照度和灯具总照度,得到实际照度如下:

$$E = \frac{M_\varphi \sum E_i}{1\ 000} \tag{3-21}$$

式中 E——实际照度,lx;

M_φ——减光损失系数;

E_i——光源实际光通量在计算点照度,lx。

在现代建筑中，由手动人工控制到智能自动控制转变，不同的控制系统应用在不同的建筑和照明方式中，根据实际情况做出决定，采用智能控制系统控制节能效果会更佳。

控制系统都要通过通信系统来完成，常用的短距离无线通信技术 ZigBee、蓝牙、WIFI、GPRS 等，参数对比如表 3－14 所示。

表 3－14　通信方式分类参数对比

通讯名称	速率	消耗	频段	传输距离
ZigBee	20/40/250 kb/s	较低	868/915 MHz/2.4 GHz	150 m
WIFI	11/54 Mb/s	低	2.4 GHz	200 m
蓝牙	1.0/3.0 Mb/s	高	2.4 GHz	10 m

3.2.4　供配电系统诊断

3.2.4.1　不平衡度的测量和取值

1. 测量条件

测量应在电力系统正常运行的最小方式（或较小方式）下，不平衡符合处于正常、连续工作状态下进行，并保证不平衡负荷的最大工作周期包含在内。

2. 测量时间

对于电力系统的公共连接点，测量持续时间取一周（168 h），每个不平衡度的测量间隔可为 1 min 的整数倍；对于波动负荷，可取正常工作日 24 h 连续测量，每个不平衡度的测量间隔为 1 min。

3. 仪器要求

用于检测不平衡度的仪器应当满足 GB/T 15543—2008《电能质量 三相电压不平衡》的相关要求。仪器记录周期为 3 s，按方均根取值，电压输入信号基波分量的每次测量取 10 个周波的间隔。对于离散采样的测量仪器可按照下式计算：

$$\varepsilon = \sqrt{\frac{1}{m}\sum_{k=1}^{m}\varepsilon_k^2} \tag{3-22}$$

式中　ε_k——在 3 s 内第 k 次测得的不平衡度；

m——在 3 s 内均匀间隔取值次数，$m \geqslant 6$。

仪器的电压不平衡度测量误差应满足以下规定，其计算公式为：

$$|\varepsilon_U - \varepsilon_{UN}| \leqslant 0.2\% \tag{3-23}$$

式中　ε_U——电压不平衡度实际值；

ε_{UN}——电压不平衡度仪器测量值。

仪器的电流不平衡度测量误差应满足以下规定，其计算公式为：

$$|\varepsilon_I - \varepsilon_{IN}| \leqslant 0.2\% \tag{3-24}$$

式中 ε_I——电流不平衡度实际值；

ε_{IN}——电流不平衡度仪器测量值。

4. 测量取值

为了实用方便，前述三相电压不平衡度指标中，实测值的95%概率值可将实测值按照由大到小的顺序排列，舍弃前面5%的较大数值，取剩余实测值中的最大值。以时间取值时，如果1 min方均根值超过2%，则按超标1 min进行时间累计。

3.2.4.2 变压器测试

1. 空载损耗和空载电流测量

将额定频率下的额定电压（主分接）或相应分接电压（其他分接）施加于选定的绕组上，其余绕组开路，但开口三角形联结的绕组（如果有）应闭合。测量还应在90%和110%额定（或相应的分接）电压下进行。

试验电压应以平均值电压表读数为准，令平均值电压表的读数记为U'。同时，方均根值电压表与平均值电压表并联，其读数记为U。

若实测空载损耗为P_m，则校正后得空载损耗为：

$$P_0 = P_m(1 + d) \tag{3-25}$$

其中，

$$d = \frac{U' - U}{U'} \tag{3-26}$$

空载电流的方根均值与空载损耗在同一绕组同时测量。对于三相变压器，取三相平均值。空载损耗不应做温度校正。

2. 三相变压器零序阻抗测量

零序阻抗应在额定频率下，在短接的三个线路端子（星形或曲折形联结绕组的线路端子）与中性点端子间进行测量，其计算公式为：

$$R = \frac{3U}{I} \tag{3-27}$$

式中 U——试验电压，V；

I——试验电流，A。

3.2.5 输配系统诊断

3.2.5.1 风输送系统诊断

公共建筑目前存在大堂、门厅等处冬季偏冷夏季过热，电梯门关不上或电梯啸叫等现象。诊断此问题的手段是进行全楼风系统平衡度分析。

1. 风管严密性诊断

风管严密性是风系统诊断的主要内容，风管系统按照工作压力可分为微压、低压、中压和高压四个类别。低压、中压和高压风管严密性则通过工作压力下的漏风量进行判定，对于常用的矩形风管，其工作压力下的风管允许漏风量应符合表3-15的规定。

表 3-15 风管允许漏风量

风管类别	允许漏风量[$m^3/(h \cdot m^2)$]
低压风管	$Q_l \leqslant 0.105\,6\ P0.65$
中压风管	$Q_m \leqslant 0.035\,2\ P0.65$
高压风管	$Q_h \leqslant 0.0.011\,7\ P0.65$

风管漏风量测试可以采用整体或分段进行，测试时风管上的所有开口均应封闭，不应漏风。将测试仪风机连接到风管上，风管与测试仪用软管连接，启动风机，调节变频器，使风机转速由低到高，风管测试段压力由低到高，当压力升高到测试所需的压力时，使之稳定，这时测试段的漏风量等于风机的补充风量。

被测系统风管的漏风量超过设计和本规范的规定时，应查出漏风部位（可通过听、摸、飘带、水膜或烟幕检漏），做好标记；修补完工后，重新测试直至合格。

漏风量测定一般应为系统规定工作压力（最大运行压力）下的实测数值。特殊条件下，也可用相近或大于规定压力下的测试代替，漏风量的计算公式为：

$$Q_0 = 0.65Q/(P_0/P) \tag{3-28}$$

式中 Q_0——规定压力下的漏风量，$m^3/(h \cdot m^2)$；

Q——规定测试的漏风量，$m^3/(h \cdot m^2)$；

P_0——风管系统测试的规定工作压力，Pa；

P——测试的压力，Pa。

(1) 风机设备诊断

风机常见问题和故障原因分析与解决方法参见表 3-16。

表 3-16 风机常见问题和故障分析

现象	分析
电机温升过高	1. 流量超过额定值； 2. 电机或电源方面有问题
轴承温升过高	1. 润滑油（脂）不够； 2. 润滑油（脂）质量不良； 3. 风机轴与电机轴不同心； 4. 轴承损坏； 5. 两轴承不同心
传动问题	1. 皮带过松（跳动）或过紧； 2. 多条皮带传动时，松紧不一； 3. 皮带易自己脱落； 4. 皮带擦碰皮带保护罩； 5. 皮带磨损、油腻或脏污； 6. 皮带磨损过快

续表

现象	分析
噪声过大	1. 叶轮与进风口或机壳摩擦； 2. 轴承部件磨损，间隙过大； 3. 转速过高
振动过大	1. 叶轮与轴的连接松动； 2. 叶片质量不对称或部分叶片磨损、腐蚀； 3. 叶片上附有不均匀的附着物； 4. 叶轮上的平衡块质量或位置不对； 5. 风机与电机两皮带轮的轴不平行
叶轮与进风口或机壳摩擦	1. 轴承在轴承座中松动； 2. 叶轮中心未在进风口中心； 3. 叶轮与轴的连接松动； 4. 叶轮变形
出风量偏小	1. 叶轮旋转反向； 2. 阀门开度不够； 3. 皮带过松； 4. 转速不够； 5. 管道堵塞； 6. 叶轮与轴的连接松动； 7. 叶轮与进风口间隙过大； 8. 风机制造质量问题，达不到铭牌值

3.2.5.2　水输送系统诊断

空调水系统主要包括空调冷却水系统和空调冷冻水系统，两者对应的诊断方法如下。

1. 管道系统测试诊断

管道系统安装完毕后应进行水压试验。水压试压工作流程如下。

(1)试压前应具备的条件及施工准备

管道系统安装完毕和无损检测合格后，按设计文件要求进行试压、吹扫工作，清除管道内部的杂物和检查管道的焊缝质量。管道系统试压前，应由施工单位、业主和有关部门进行联合检查。

(2)试压工作程序

试压工作程序如图3－3所示。

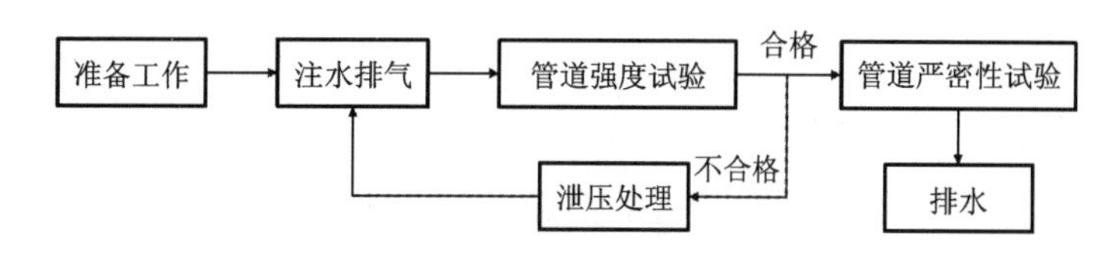

图3－3　试压工作程序示意图

①根据管道进水口的位置和水源距离，设置打压泵，接通上水管道，安装好压力表，监

视系统的压力下降。检查全系统的管道阀门关闭状况,观察其是否满足系统或分段试压的要求。连通上水流程向管线内注水,在管道最高点安装放空阀,管道注满水待水温一致管道内的空气排完后,关闭放空阀门,试压泵车开始进行水压试验。

②升压:水压试验前,应多次进行初步升压试验方可将管道内的气体排尽,当且仅当确定管道内的气体排尽后,才能进行水压试验。升压时要分级升压,每次以 0.2 MPa 为一级,每升一级检查后背、管身及接口,当确定无异常后,才能继续升压。

③空调水输送系统打压完成后,管路系统上阀门和设备安装完毕后,需要进行管路和阀门检查,检查的目的是检查水管是否有漏水、堵塞的现象,主要检查内容包括以下几点。

a. 冷冻水管上的保温层是否完好;

b. 管道上所用设备、阀门、仪表、绝热材料等产品是否与设计相符,是否安装齐全,性能参数是否满足要求;

c. 检查工程水系统各分支管路水力平衡装置、温控装置与仪表的安装位置和方向应符合设计要求,并便于观察、操作和调试;

d. 阀门前后是否有足够长的直管段;

e. 检查水管是否清洁。

2. 冷却水输送与分配诊断

冷冻水输配系统管路打压和检查过程与冷却水系统基本相同,但是冷冻水输配系统连接冷源以及空调机组、风机盘管等末端设备,管路规模和复杂程度都较冷却水输配系统高。

3.3 软件平台与实施手段

3.3.1 集成性技术平台

3.3.1.1 建筑能源管理系统(BEMS)

建筑物都需要某种形式的控制系统,建筑能源管理系统 BEMS 就属于这种控制系统。

BEMS 系统主要包括操作层、管理层、决策层。工作时,系统操作层的终端采集仪表将采集到的数据通过网络发送给管理层的能源管理专家后,通过现场分析再将处理好的数据发送给决策层的能源优化中心,在该层通过推理算法对监测数据进行智能分析,并对空气调节系统(HVAC)组件和系统进行额外的自动化调试,识别故障,诊断故障,并评估潜在的能效改进相关优化方法。

3.3.1.2 暖通空调系统调试软件(HVAC-Cx)

建筑物调试是一个旨在验证建筑物是否符合业主的需求和有效运作的过程。美国国家标准技术研究所 NIST 开发了一种免费的开源调试工具——HVAC-Cx。该软件应用提前输入的规则来分析和评估系统性能,为调试代理和建筑操作员提供便利。HVAC-Cx 可以分析从建筑物能源管理系统(BEMS)收集的数据,并使用定制的规则来评估数据,从而帮助建筑运营商进行决策。

使用HVAC-Cx有四个基本步骤:输入数据、配置设备、选择规则以及分析数据。其用户界面有五个窗口,如表3－17所示。

表3－17　HVAC-Cx的用户界面包含的窗口

窗口名称	描述
数据库	创建和配置数据库,以及将数据导入其中
设备配置	创建将要使用的设备列表分析、配置设备
规则	配置要分析的规则
分析	执行分析,并查看结果
手动调试	制作详细的系统测试报告

3.3.2　建筑能耗模拟软件

建筑全能耗分析软件可以用来模拟建筑及空调系统全年逐时的负荷及能耗,有助于建筑师和工程师从整个建筑设计过程来考虑如何节能。大多数的建筑全能耗分析软件由四个主要模块构成:负荷模块、系统模块、设备模块和经济模块。其中负荷模块模拟建筑外围护结构及其与室外环境和室内负荷之间的相互影响。系统模块模拟空调系统的空气输送设备、风机、盘管以及相关的控制装置。设备模块模拟制冷机、锅炉、冷却塔、能源储存设备、发电设备、泵等冷热源设备。经济模块计算为满足建筑负荷所需要的能源费用。

目前世界上比较流行的建筑全能耗分析软件主要有:Energy-10,HAP,TRACE,DOE-2,BLAST,EnergyPlus,TRNSYS,ESP-r,DeST等。这些软件具有各自的特点,例如,Energy-10只能用来模拟1 000 m^2以下的小型建筑;DOE-2能够准确地模拟较复杂的围护结构的负荷等。

3.3.3　建筑信息模型(BIM)

BIM模型与传统2D图纸审图的区别在于,利用Revit或Bentley等系列软件建置土建、结构、机电、供水、排水、管线的BIM模型,可对设计结果进行动态可视化呈现,让业主、施工、监理等各方直接地理解设计方案,模拟推演与验证设计的可施工性。它可以在施工前预先发现存在的问题。

BIM可以运用到诊断和调试的主要功能有以下三个方面。

①记录模型:在建筑整个寿命周期中,可以将建筑中HVAC设备的基本信息记录下来,帮助调试节省时间、降低成本与错误;可以将BIM建立的模型及相关信息导出到开放式数据库连接(ODBC),与其他管理软件进行共享,管理软件可以通过BIM相关软件来查询相关设施的数据,从而分析能耗等情况。

②运行监测:建立与运行控制、遥测、遥控的系统,可以通过多视图切换来可视化地监控各个系统的实时运行状态。

③维护计划:可以基于 BIM 记录模型、运行监测及设备管理要求,编制并录入检查维保计划,明确运检维护的内容、方法、周期要符合要求。

第 4 章　既有大型公共建筑用能系统调适

4.1　暖通空调系统调适技术

暖通空调系统决定建筑室内环境，其运行能耗占到大型公共建筑运行能耗一半以上，因此暖通空调系统的调适对确保适宜的建筑室内环境、降低建筑运行能耗至关重要。

4.1.1　风系统调适

全空气空调系统分为定风量空调系统和变风量空调系统，定风量空调系统每个风口的送风量恒定，而变风量空调系统则根据室内负荷变化或室内要求参数的变化，保持恒定送风温度，自动调节空调系统风量，从而使室内参数达到要求。因此空调风系统调适包括空调系统静态风平衡调适和动态风平衡调适。

4.1.1.1　静态风平衡调适

风系统静态平衡调适通过风管系统上安装的手动调节阀完成。目前使用的风量调整方法有流量等比分配法、基准风口调整法和逐段分支调整法，调适时可根据空调系统的具体情况采用相应的方法进行调整。下面介绍基准风口法的调适步骤。

以图 4－1 为例，具体步骤如下。

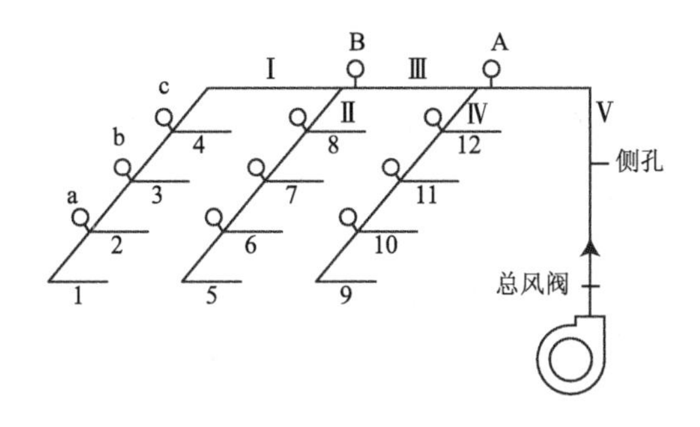

图 4－1　系统风量平衡调节示意图

①风量调整前先将所有风量调节阀置于全开位置，测试空调机组的送风量、新风量和回风量，将新回风量的比例调整到设计值，并将送风量调整到设计风量的 110% 左右。

②初测全部风口的风量，计算初测风量与设计风量的比值（百分比），并列于记录表格中。

③在各支路中选择比值最小的风口作为基准风口，进行初调。

④先调整各支路中最不利的支路，一般为系统中最远的支路。用两套测试仪器同时测

定该支路基准风口(如风口1)和另一风口的风量(如风口2),调整另一个风口(风口2)前的风量调节阀(如风量调节阀a),使两个风口的风量比值近似相等;之后,基准风口的测试仪器不动,将另一套测试仪器移到另一风口(如风口3),再调适另一风口前的风量调节阀(如风量调节阀b),使两个风口的风量比值近似相等。如此进行下去,直至此支路各个风口的风量比值均与基准风口的风量比值近似相等为止。

⑤同理调整其他支路,各支路的风口风量调整完后,再由远及近,调整两个支路(如支路Ⅰ和支路Ⅱ)上的手动调节阀(如手动调节阀b),使两支路风量的比值近似相等。如此进行下去。

⑥各支路送风口的送风量和支路送风量调适完毕后,最后调节总送风道上的手动调节阀,使总送风量等于设计总送风量,则系统风量平衡调适工作基本完成。

⑦但总送风量和各风口的送风量能否达到设计风量,尚取决于送风机的出风率是否与设计选择相符。若达不到设计要求就应寻找原因,进行其他方面的调整。调整达到要求后,在阀门的把柄上用油漆做好标记,并将阀位固定。

⑧在调适前应将各支路风道及系统总风道上的调节阀开度调至80% ~85%的位置,以利于运行时自动控制的调节并保证系统在较好的工况下运行。

⑨风量测定值的允许偏差:风口风量测定值与设计值的允许偏差为15%;系统总风量的测定值应大于设计风量的10%,但不得超过20%。

4.1.1.2 **变风量系统调适**

变风量空调系统风量调适包括静态风量平衡调适以及动态调适两个过程,由于绝大多数变风量空调系统中空调机组风量远小于变风量末端设计风量之和,所以其静态风系统平衡调适与定风量空调系统有所不同,其过程简述如下。

①空调机组风机最大频率运行,所有变风量末端风阀全开,所有送风总管、主管和支管上的手动调节阀也全开。

②初测全部变风量末端的风量,并计算每个变风量末端风量与其设计风量之比。

③以比值最小的变风量末端作为调适基准,从最接近调适基准的变风量末端开始,依次调节各变风量末端支管上的手动调节阀,使其风量与设计风量之比和调适基准变风量末端近似相等,直至所有变风量末端都调适完毕。

④然后采用同样的方式,通过调节主管上的手动调节阀,使每个主管的风量与其设计风量之比也都基本相同。

目前主流变风量末端装置都采用压力无关型,每个变风量末端的风量根据所在区域的实际温度和设定温度的偏差进行调节控制,只要其入口静压能够达到最小工作静压,其风量就能达到设计风量,因此变风量空调系统动态调适工作之一是确定静压设定值,其过程简述如下。

①设置静压传感器下游的所有变风量末端工作在最大风量状态。

②将静压传感器上游的所有变风量末端的一次风阀全部关闭。

③手动缓慢降低空调机组的频率,同时观察静压传感器下游的变风量末端的一次风

量，当一个或多个变风量末端的一次风量低于最大风量设定值的90%时，停止降低空调机组频率。

④记录风管上的静压传感器的静压读数，该读数即为静压设定值。

4.1.2 设备调适

建筑设备的多样性，导致不可能有一套适用于所有设备的调适技术和方法。为了更为明确地介绍这些技术和方法，我们首先明确功能组件的概念。功能组件为发挥着特定功能的装置，在空调系统中，功能组件包括空调末端、风机、水泵、阀门、制冷剂、冷却塔、锅炉等。功能组件的调适又被称为单机调适，看基本功能能否满足空调系统的运行要求，并为下一小节的联合调适做准备。下面以冷水机组、冷却塔和水泵为例，介绍单机调适的主要内容。单机调适内容如表4－1所示。

表4－1 单机调适内容列表

检查项目	检查内容	冷水机组	冷却塔	水泵
设备安装	安装后设备表面无损坏	√	√	√
	减振系统安装正确，工作正常	√		
	阀门安装正确	√	√	√
	管路配件齐全，安装正确	√	√	
	冷冻水与冷却水管路全面清洗，无污垢，过滤器干净	√		
	蒸发器与冷凝器排气阀安装正确	√		
	制冷剂排放管路通向室外	√		
	温度表与压力计正确安装	√		
	管路上预留足够的温度与压力测试孔，用于水力平衡和传感器校正	√		
	流量传感器正确安装	√		
	制冷剂适量且无泄漏	√		
	润滑剂类型正确、适量	√		
	设备标注清晰明确，包括管路流体流向	√		
	油滤器干净	√		
	配水系统是否清洁、通畅，无漏水和溢水现象		√	
	冷却塔集水池水位是否正常		√	
	风机是否安装正确		√	
	如果使用变频风机，确保变频器的安装及电机的连接正确，参数设置与连锁正确		√	
	渗漏检查：检查冷却、传热、保温、保冷、冲洗、过滤、除湿、润滑、液封等系统和管道连接是否正确、无渗漏			√
	配电检查：检查电源开关与标识，电路连接是否紧固等			√
	控制检查：检查组件是否安装完毕，水阀是否动作正常			√

续表

检查项目	检查内容	冷水机组	冷却塔	水泵
电路控制	电源线连接正确，各电路系统接地正确	√	√	√
	控制线路和控制系统连接完全	√	√	
	所有传感器已经校准	√	√	
	控制系统连锁设置正确，运行正常	√	√	√
	厂家提供了所有运行参数的上下限	√	√	
	水力输配管路与单机调适完毕	√	√	
	负荷加、减载自动调节是否正常	√	√	
	报警动作是否正常	√		√
试运转	按厂家制定的试运转程序开机，通过厂家要求的试运转测试	√	√	
	测量压缩机的相电压，确保不平衡率在2%以内	√		
	运行过程中无噪声，振动在正常范围内	√	√	
	压缩机与油压连锁正常	√		
	压缩机运转过程中，油压保持在正常范围内	√		
	冷冻水出水温度达到设计要求，与设计值相差1℃以内	√		
	管路上人工读值仪表、楼宇自控系统传感器与冷机自控系统显示屏上相对应的测试参数读数一致	√	√	
	确认风机旋转方向正确，如果是变频风机，应在变频器旁通的工况下，确认风机旋转方向		√	
	测量风机电动机的各相相电压，确保电压在电机额定电压的±10%，不平衡率在2%以内。如果是变频风机，测点应在变频器上游		√	
	测量风机轴承温度，确认该温度符合设备技术文件的要求和验收规范对风机试运行的规定		√	
	测试所有电控阀门，确保工作正常		√	
	观察补给水和集水池的水位等运行工况，确保冷却水无渗漏		√	
	测试高水位和低水位报警		√	
	检查分水器的旋转速度以及喷水是否均匀		√	
	测量风机的电机启动电流和运转电流，确保运转电流在额定电流范围内		√	
	测量气候参数以及冷却水进出口水温，确认冷却塔冷却能力达到设计标准		√	
	电压表是否灵敏、准确、可靠			√
	电动机转向是否与泵的转向相符			√
	检查水泵配电系统是否正常			√
	各固定连接部位不应有松动			√
	转子及各运动部件运转应正常，不得有异常声响和摩擦现象			√
	管道连接应牢固无渗漏			√
	轴承的温度应符合设备技术文件的规定			√
	各润滑点的润滑油温度、密封液的温度应符合设备技术文件的规定			√
	检查水泵运行参数是否正常，包括水泵扬程、流量、电机效率、转速、电压、电流			√
	机械密封的泄漏量不应大于5 ml/h，填料密封的泄漏量不应大于相关的规定，且温升正常			√

4.1.3 联合调适

联合调适包括三部分的内容：独立系统集成、多系统集成和季节性多系统集成。联合调适常用两种方法：被动测试法和主动测试法。本节以变风量空调系统为例，讲述联合调适的一般方法与步骤。

4.1.3.1 独立系统集成

在开始联合调适时，要同时开启制冷系统、风系统、水系统。

1. 制冷系统

制冷系统的联合调适包括以下几项内容：

(1)基本组件的起停顺序验证

制冷系统正确的起停顺序能够保证基本组件安全运行。制冷系统正确启动顺序如下。

①冷却水及冷冻水主管路上的控制阀门全开→冷却水泵、冷冻水泵开启→制冷剂开启，每一步间隔不小于1 min。

②制冷系统正确的停止顺序与开启顺序正相反，且间隔不小于1 min。

需要通过现场观察确保正确的起停顺序得以实施。

(2)基本控制逻辑验证

①冷冻水供水温度控制回路验证。冷冻水供水温度由制冷机自带的控制系统，通过对压缩机的加载与卸载来使冷冻水温度控制在设定温度上。冷冻水温控制回路验证是要确定制冷机自带的控制系统能准确地将冷冻水温控制在要求的设定温度上，并且控制回路不振荡。

验证方法：在楼宇自控软件中改变冷冻水温设定温度，通过楼宇自控软件的数据自动记录与作图功能，观察冷冻水温的变化能否稳定在新的设定温度上。

②冷却水供水温度控制回路验证。冷却水供水温度由冷却塔风机的加载和卸载来控制，当采用变频器时，则通过改变风机转速来控制。冷却水温的控制回路是通过楼宇自控系统实现的，其验证是要确定该控制回路能准确控制冷却水温度在要求的设定温度上，并且控制回路不振荡。

验证方法：在楼宇自控软件中改变冷却水温设定温度，利用楼宇自控软件的数据自动记录与作图功能，观察冷却水温的变化能否稳定在新的设定温度上。

(3)优化控制策略验证

在验证制冷系统的控制策略之前，首先要了解制冷系统的最佳实践控制策略，即目前在实践中可采用的最优控制策略。

①冷冻水温最佳实践控制策略。制冷剂的效率随着冷冻水温的提高而提高，空调机组以及风机盘管中的换热器大小是按照建筑设计负荷选定的，在部分负荷下，这些换热面积是过大的，这为提高冷冻水供水温度创造了条件。

验证方法：a. 通过以下三种方法来设置触发条件：通过改变室内设定温度的方法改变

建筑冷负荷；如果室外温度较高时，可以通过改变新风量来改变建筑冷负荷；还可以通过改变空调机组送风温度来改变建筑冷负荷。b. 通过 a）的方法，生成至少三种不同的负荷率，负荷率变化应大于10%。c. 利用楼宇自控软件的数据自动记录功能记录冷冻水供水温度设定值及楼宇自控系统实际采集的冷冻水供水温度。d. 将记录的数据整理成冷冻水设定温度－负荷率逻辑图，与设计进行比较。

②冷却水温最佳实践控制策略。对于冷却塔而言，风机运行的台数越多或者转速越快，冷却水的供水温度就会越低，此时风机能耗越高。而对于制冷机而言，冷却水的供水温度越低，制冷机的能耗就越少。因此，存在一个最优的冷却水供水温度，使得风机和制冷机总能耗最低。

验证方法：利用楼宇自控软件的数据自动记录功能记录室外空气的干球温度、相对湿度、冷却水供水温度设定值以及楼宇自控系统实际采集的冷却水供水温度。依据空气的干球温度和相对湿度，查焓湿图或计算得到室外空气湿球温度。测试时应保证室外湿球温度的变化范围尽可能大一些，一般不应小于3℃，数据收集完成后，将计算出的室外空气湿球温度与实际采集的冷却水供水温度进行比较，差值在3℃～4℃范围内。

③多台制冷机启停最佳实践控制策略。制冷机的运行效率与其部分负荷率紧密相关，相关资料显示，多数制冷机的最高效率出现在负荷率为80%～90%之间，而变频制冷机最高效率一般出现在负荷率为40%～50%之间。

验证方法：a. 通过以下三种方法来设置触发条件：通过改变室内设定温度的方法改变建筑冷负荷；如果室外温度较高时，可以通过改变新风量来改变建筑冷负荷；还可以通过改变空调机组送风温度来改变建筑冷负荷。b. 测试时，启动主制冷机，通过 a 中的方法，逐步提高建筑负荷，直到 1 台备用制冷剂启动。c. 通过 a 中的办法，逐步降低建筑冷负荷，直到 1 台备用制冷机停止。d. 利用楼宇自控软件的数据自动记录功能记录建筑冷负荷以及每台制冷机的运行状态，验证是否满足最佳实践控制策略。

2. 风系统

（1）基本组件的启停顺序验证

变风量空调机组的正确启停顺序如下所示。

①先启动回风风机再启动送风风机，两者时间间隔不小于 1 min；

②先停止送风风机再停止回风风机，两者时间间隔不小于 1 min。

这样的风机启停顺序主要是为了防止由于室外过冷或过热空气进入室内，尤其在冬天，如果先启动送风风机，即使新风阀处于全关状态，由于风机入口段有较大的负压，会造成新风泄漏，有可能触发防冻装置，从而自动停止送风风机，造成机组无法正常运转。

（2）基本控制逻辑验证

①空调机组冷、热水电动调节阀控制逻辑验证。空调机组冷热水调节阀自控逻辑验证的目的是为了验证空调机组表冷器和加热器上冷、热水调节阀能否根据送风温度来调节阀门的开度，而且其控制回路不振荡。

验证方法：由两位工作人员配合，其中一位在控制界面更改相应功能的设定数值，并观察其他相关的数值是否有变化；另一位在现场观察设备是否进行了相应的操作。测试过程中应详细记录改变前和改变后的设定值，以及其他相应改变的数值。

②送风风机变频控制逻辑验证。送风风机变频控制逻辑验证的目的是为了确认通过变频控制风机转速将风管的静压控制在设定值上，且控制回路不会发生振荡。

验证方法：在中控显示界面上，更改送风静压设定值，系统运行 10～20 min 后观察风机频率是否发生相应的变化。例如，将设定值调大，则风机频率也应上升。测试过程中应详细记录原始的设定值和更改后的设定值，以及其他相应发生变化的数值。

3. 水系统

(1)水泵变频基本控制逻辑验证

该项测试的目的是为了验证水泵能否根据管网压力的变化情况实现变频运行。

验证方法：将具有变频和(或)自动切换功能的水系统管路阀门全部打开，待系统运行 30～40 min 后，观察水泵是否为最高频率(50 Hz)运行；在压力允许的范围内，将水系统总管路上的手动调节阀逐渐关闭，观察水泵频率是否下降。

(2)水系统管路变静压优化控制策略验证

水系统变静压控制策略与风系统变静压控制策略原理相同，都是通过改变静压设定值来改变管路特性曲线，从而降低水泵能耗。

验证方法：在楼宇自控系统的控制界面上，将该水系统对应的所有换热器的电动调节阀(表冷器的冷水阀或加热器的热水阀)设为手动，人为地设定这些电动阀的开度在 70%，观察水系统供回水管路压差设定值是否不断提高，直到水系统供回水管路最大静压差。再将其中一个电动调节阀开度设在 100%，观察水系统供回水管路压差设定值是否不断减少，直到水系统供回水管路最小静压差。

4.1.3.2　**多系统集成**

多系统集成的目的是为了验证在经过独立系统集成后的系统之间的耦合是否和谐，整个建筑各个系统之间的配合是否可靠、节能。多系统集成不仅仅包括暖通空调系统，建筑机械设备的调控也包含在内，比如可控遮阳设备、太阳能光热/光电系统、自动照明系统等。

对于变风量空调系统，多系统集成重点验证的内容包括以下两个方面。

1. 空气源节能器与制冷机运行耦合性验证

空气源节能器与制冷机运行潜在的冲突通常发生在过渡季节，当室外空气焓值比回风焓值小，室外空气温度又比机组送风温度设定值高时，空气源节能器与制冷机同时运行，空调机组的新风阀是全开的，当室外空气温度逐渐降低并接近送风温度时，由于新风冷负荷很小，制冷机有可能出现频繁启停问题。这时，需要改变空气源节能器的控制策略，避免制冷机频繁启停。

验证方法：在过渡季节，利用楼宇自控系统的数据自动记录功能，记录下新风风阀开度、室外空气温度以及制冷机的运行状态。如果制冷机出现频繁启停的情况，则需要更改空气源节能器控制策略。

2. 集成控制耦合性验证

以变风量系统为例，讲述多系统集成控制的验证。在变风量空调系统中，每个独立系统中都有各自的控制参数，比如在风系统中，重要的控制参数包括风管静压、送风温度；在水系统中，重要的控制参数包括冷冻水供回水压差。在整个建筑层面，这些独立系统的控制参数又会相互制约、相互影响。

验证方法：挑选最不利室外温度，首先随机挑选若干个空调机组，对这些空调机组所带的变风量末端装置的室内温控装置的设定温度进行调整，分四次进行验证，包括一次全部调整为最小设定温度、一次全部调整为最大设定温度、一次全部调整为室内设计温度以及一次随机任意调整设定温度验证，每次验证的时间为一个工作日。调整完设定温度后，待系统运行 1 h 后再观察并记录上述验证项目的反应情况及各房间实测温度。

4.1.3.3 季节性多系统集成

季节性多系统调适主要内容就是延续多系统联合调适无法完成的调适任务，尤其是无法测试极端气候条件下的运行时，季节性多系统联合调适就更为重要。在季节性多系统联合调适过程中，不仅要验证系统在不同季节下的运行情况，更为重要的是保证供热系统在冬季极端气候情况下、空调系统在夏季极端气候情况下的运行性能。验证的项目以及方法与多系统集成调适相同，但采用被动测试法的情况更多，利用楼宇自控系统的自动记录功能，收集相关运行参数的长期实测数据，然后进行分析，判断在各个季节条件下多系统集成是否可靠、节能。

4.2 照明系统调适技术

4.2.1 系统的控制

4.2.1.1 开关控制

照明系统开关控制最简单的形式是通过安装在工作区域附近的开关，人工开启或关闭灯具。除了这种简单的人工控制开关外，还可以通过时间或人员来实现照明系统的自动开关。

1. 基于时间的自动开关控制

这一类控制器根据用户输入的照明开启和关闭时间表进行控制，它可以自动实现照明系统的开关控制。某些控制器还可以实现与楼宇自控系统的联系，通过自控系统软件实现照明系统的控制。

2. 基于人员的自动开关控制

这类控制通常是通过占用感应器实现的。这种感应器的三个基本功能为：

①当有人员进入控制区域时，自动开启相应区域的照明；

②当某一控制区域有人员时，保持该区域内照明处于开启状态；

③当所有人员离开控制区域时，在规定的时间延迟后，关闭该区域内的照明。

3. 常见的占用感应器

(1)被动式红外感应器

由感应器直接探测来自移动目标的红外辐射。一般的被动式红外感应器可在3 m的范围内探测到手部的动作,在6 m内探测到手臂的动作,在12 m内探测到人体的移动。其优点是便宜、技术性能稳定;缺点是易受干扰,穿透力差,人体的红外辐射容易被遮挡而不被探测到。

(2)超声波感应器

利用石英晶体,在整个空间发射超声波,如果空间内有运动物体,反射波频率会发生变化,从而感应空间内的人员。

(3)双技术感应器

这一类的感应器利用两种技术的结合来感应人员的移动。通常采用被动式红外感应器与另一种感应器(比如基于声学原理的移动感应器)组合在一起,从而提高探测的准确性,并减少能源消耗。

4.2.1.2　采光控制

采光控制系统是指利用进入工作区域的天然日光来减少人工照明能耗。人工照明拥有可调节、易控制的优点,在自然光照不足时可以通过人工照明来补足室内光亮度。采光控制就是将自然光照与人工照明相结合,各取所长,共同创造一个良好的室内光照环境。近年来,这一技术不断成熟,逐渐成为绿色建筑常用的节能手段之一,其调节方式通常有以下三种。

(1)开关控制

当自然光充足时,关闭人工照明。

(2)分级控制

将人工照明分级(比如按照开启数量分),根据进入空间的自然光,选择合适的人工照明级别。

(3)连续调节控制

连续调节人工照明的输出,以补足自然光的不足,从而保证工作区域的照度维持在设定值。

连续控制的成本要高于另外两种控制方式,但在节能效果以及视觉舒适性上要明显优于另外两种方式。当开关控制和分级控制改变人工照明状态时,会引起用户的注意,但是用户一般不会注意到连续调节控制对人工照明的改变。

4.2.2　系统调适

随着建筑调适技术的发展进步,现有的照明系统调适已经不仅仅局限于前面提到的简单的控制系统,而是包括了整个建筑中的照明系统以及所有采光装置(比如百叶),其内容也超出了由厂家提供的基本功能测试,而是增加了额外的测试,以保证照明系统在建筑各个阶段的可靠及优化的运行。

对于照明与控制系统的调适首先要对照明系统所需的灯具进行检查，确认其符合相关规范及设计要求。

在调适过程中，常会用到随机采样的方法进行检查，样本大小通常是所有照明区域的10%与八个照明控制区域两者之间的较大值。这些样本应涵盖不同服务区域以及楼层。表4－2列出了检查的具体内容。

表4－2　照明控制系统检查与功能测试

	检查项目	服务区域及楼层		
		1	2	N
占用感应器	感应器类型：被动式红外感应器（PIR）？超声波感应器（US）？还是双技术感应器（PIR/US）			
	自动还是手动启动			
	安装高度、位置是否符合设计要求			
	如果是超声波感应器，感应器安装位置与最近的空调风口距离是否在1.8 m以上			
	如果是被动式红外感应器，感应器安装位置与最近的热源距离是否在1.8 m以上			
	如果是被动式红外感应器，感应器安装位置与工作区域之间是否无阻挡			
	感应器灵敏度是否满足用户实际需求			
	感应器的时间延迟是否满足用户实际需求			
	感应行为测试：行走、手臂动作、手臂动作			
定时自动开关	照明系统的运行时间表是否体现在可编程控制器/楼宇自控系统中			
	控制器是否有工作日、周末、节假日时间表			
	控制器在断电后是否需要重新编程			
	控制器的控制能力，比如一个控制器服务的照明面积			
	用户是否可以方便进行手动/自动控制切换			
自然采光控制系统	灯具控制方式，连续调节还是开关控制			
	照度设定值			
	如果是连续调节，灯光输出的调节范围			
	应用区域（外窗以内3 m的区域）			
	每一层的外区至少有一个照明控制区域			
	采光天窗至少有一个照明控制区域			
	控制策略：闭环控制？开环控制？或其他控制形式？			
	其他相关装置：导光板？眩光控制？自动变色玻璃？			
	光传感器安装位置是否符合要求且不影响实际运行			
	如果是连续调节，同一照明控制区域内的灯具在不同控制信号下的亮度是否一致			
	控制参数设定是否符合设计要求并且满足实际需求，比如灵敏度、时间延迟等			

续表

	检查项目	服务区域及楼层		
		1	2	N
功能测试	在指定的时间,照明系统是否关闭			
	照明系统自动关闭前是否给出预警			
	晚间测试:记录工作区域照度以及照明系统电路电流			
	白天测试 1:打开百叶窗,记录工作区域照度以及照明系统电路电流			
	白天测试 2:百叶窗 50% 开度,记录工作区域照度以及照明系统电路电流			
	白天测试 3:白天正常运行状态下,在 12 h 内 3 次观察系统运行状况,每次间隔在 3 h 以上,每次观察在 5 min 以上,确认是否有诸如控制环路震荡的异常现象发生			

4.3　给排水系统调适技术

建筑的给排水系统在运行过程中,水力失调是时常出现的问题。水力失调带来的系统流量分配不合理问题使得某些区域流量过大,某些区域流量不足,在建筑中的某些区域就会出现冬天不热、夏天不冷的问题,以及生活用水水压不足或者水压过大问题,从而造成了能源的浪费。

水系统的平衡就是为了解决流量分配不平衡的问题。水力失调一般可分成动态水力失调和静态水力失调两种。动态水力失调是指在系统运行过程中,末端设备的阀门开度变化引起水流量的变化,使得管路系统的压力产生波动,从而使得其他末端设备的流量偏离设计值的现象。静态水力失调是指由于设计、施工、设备材料等原因导致的管路系统特性阻力系数实际值偏离设计值从而引起的水力失调。在集中空调的变水量系统中,由于末端电控阀拥有自动调节功能,所以一般不会出现动态水力失调现象。因此只要做好了静态水力平衡,就不会出现动态水力失调的现象。

静态水力平衡一般要通过手动平衡阀来实现。手动平衡阀(也称静态平衡阀)通过改变开度产生的阀门流动阻力来调节流量。因此,它也是一个可以手动改变局部系数的阻力元件。

静态水力平衡调节常用的方法有预设定法、比例法和补偿法。

1. 预设定法

预设定法是调适人员提前计算出所有手动平衡阀的开度设计值,并将其标注在图纸上,在调适过程中根据标注直接设定平衡阀的方法。

预设定法的原理为暖通空调水系统的水力计算,首先确定每个末端设备及相关附件(控制阀、管道、阀门与弯头等)的阻力系数,计算出设计流量下的压力降。根据最不利环路的水力计算结果,选择合适扬程的水泵。除了最不利环路外,各个环路理论上需要的资用压头会与实际压头存在一个差值,这个差值就需要手动平衡阀消除。

例如某系统最不利环路阻力为 280 kPa,某手动平衡阀控制环路阻力叠加为 100 kPa,则手动平衡阀需要承担 180 kPa 的阻力。已知该环路流量,根据式(4 - 1)便可计算出此时阀

门所需的 K_V 值。手动平衡阀的口径、开度对应 K_V 值可以通过查表得到，即可得出次环路手动平衡阀的开度值。

$$Q = K_V \sqrt{1\,000 \frac{\Delta\rho}{\rho}} \tag{4-1}$$

预设定法优点为调适过程简单，只需要计算出阀门开度，不需要流量测试过程。简化了水平衡调适的工作量。缺点为计算开度过程复杂，而且图纸与最终施工存在误差，预设值不够准确。

2. 比例法

空调水系统中，末端设备同时连接在相同环路中处于并联关系，并联环路总流量相当于每个末端设备流量之和，每个末端设备的压差均等于环路压差。当系统由于阀门调节等原因引起环路入口压力波动时，整个环路的末端设备流量都会等比例地发生改变。由式(4-1)可以看出，每个末端设备的压降与和其流量相等的末端设备成等比变化。分级调适结束后，当系统总流量调节到设计总流量时，各级管路也会达到设计流量。比例法就是应用这一原理来平衡系统各支管及立管间的关系。

静态水力平衡调节常用的比例法调适步骤包括以下几点。

(1)调适支管上的末端设备

①选定最不利末端设备，将其设为参照末端；

②调节参照末端的平衡阀至最大开度，锁定平衡阀；

③调节与参照末端水利失调度相邻的末端设备的平衡阀，使该末端设备的水力失调度与参照末端的相同，此时重新测定参照末端的水力失调度，如果偏差大于5%，则重新调节相邻末端设备的平衡阀，使得其水力失调度与新得到的参照末端的水力失调度相同；

④依照相邻的顺序依次调适各末端设备，操作方法与步骤③相同，把最不利支管末端设备都调适完成；

⑤在同一立管上的所有支管上重复③④步骤进行调适。

(2)调适立管上的支管

在完成步骤(1)后，采用相同的方法进行调适。

①将立管上的平衡阀全部打开，测定通过各支管平衡阀的流量；

②计算每个支路的水力失调度，确定水力失调度最大的支路；

③将距离冷热源端最远的平衡阀定义为参照阀，调节参照阀，使其所在管路水力失调度达到最小，在此开度锁定参照阀；

④调适距离参照阀最近支路的平衡阀，使得该支路的水力失调度与参照阀所在支路的水力失调度相等，此时重新测定参照阀所在支路的水力失调度，如果偏差大于5%，则重新调适平衡阀，使得两个支路的水力失调度相同；

⑤采用步骤④介绍的方法，逐渐向水泵方向调适各支管流量。

(3)调适干管上的立管

采用与步骤(1)和(2)相同的方法对干管上的立管进行调适，最后调节主管道上的平衡阀，使水力失调度达到1。此时，所有立管、支管和末端设备的水力失调度都为1，整个系统调适工作结束。

比例法的基本原理是通过平衡阀改变所在环路的水力失调度,从而使得回路终端的流量能够按比例发生改变的一种调适方法。其优点是可以进行大型复杂项目的调适工作,并且无须像迭代法那样多次进行重复测量,缺点是操作复杂,耗时较长,对调适人员的要求比较高。

3. 补偿法

以比例法为基础,可以得到另一种水力平衡的调适方法,即补偿法。但补偿法在一些方面进行了进一步的改正:采用补偿法进行调适时,水力失调度自动保持等于1。在空调系统调适过程中,任意阀门或管道中的压力变化,都会使其他平衡阀两端的压降发生变化。所以,对某一个平衡阀进行调适会改变已调适好的阀门中的流量。在比例法中,就会出现反复调适同一个平衡阀的现象。补偿法消除了这种重复,每个平衡阀只需要调适一次,为了达到这一效果,必须能够确定在调适某一平衡阀时产生的干扰,然后通过外部作用补偿这种干扰。

补偿法像比例法那样,从最下游的用户开始调节,由远及近把被调用户调节到基准用户。其他用户的调节会引起已调基准用户水力失调度的改变,但是基准用户水力失调的改变又可以通过所在分支调节阀(一般称为合作阀)的调节得以复原。其他各支线的调整也是如此。

补偿法和比例法相比,减少了重复调适同一平衡阀的步骤,减少了工作时间,并且平衡阀在调适过程中相互独立,不受其他环路流量变化影响。补偿法的缺点主要是需要在调适之前进行压差计算,对平衡阀设置要求比较高,要求系统不仅在支路设计平衡阀,在立管也要设置平衡阀。

4.4　其他机电系统调适技术

4.4.1　楼宇自控系统调适

4.4.1.1　系统简介

楼宇自控系统是智能建筑的重要组成部分,主要利用现代高科技技术手段对楼层内部的一系列设施进行控制和管理。该系统主要使用了传感器技术、自动控制技术、网络通信技术及计算机技术等技术手段实现楼宇内部机电设备的控制和操作,主要包括楼宇内部的空调、供电、供热、通风、电梯、排水等系统的控制、管理、监控与记录等。

4.4.1.2　系统调适

楼宇自控系统的调适内容至少应包括单机调适、接口调适和联动调适。

1. 单机调适

单机调适就是楼宇自控系统本身设备(包括集中控制器、传输网络、通信模块、信息传输模块、后台监控终端等）打通信息孤岛，通过网络局域网实现信息互传和共享过程。单机调适包含的环节有：IP 地址规划，传输通道及路由设备的施工和调适，上位机组态等。

2. 接口调适

单机调适后，楼宇自控系统就具备了与接口设备对接的条件。若接口设备已经完成自身的单点调适，且相关通信线缆路由已具备，软件协议已定义对接完成，就可以进行接口调适，从而进入楼宇自动系统与相关接口设备的调适环节。若调适完成，就可以进行联动调适。

3. 联动调适

在进行楼宇自控系统联动调适时，调适设备必须处于自动状态，注意检查和分析控制器是否处于正常状态，并检查设定的参数与实际参数之间的偏差，并进行改进，检查整体系统运行是否正常，每个功能是否正常实现。

此外，如发生紧急情况，楼宇自控系统需要能够实现一连串的设备动作和相应，例如同时启动风机、打开风阀、开启智能疏散指示灯等动作。若楼宇自控系统需配合联动某些设备，配合火灾报警系统 FAS 的联动功能也属于联动测试的一个环节。

4.4.2 电梯系统调适

近年来，电梯与扶梯已成为百姓生产、生活中不可或缺的交通工具。前瞻产业研究院发布的《2015—2020 年中国电梯行业市场需求预测与投资机会分析报告》显示，2013 年我国电梯的总产量达到了 57.97 万台，同比增长 9.58%，中国已经成为全球电梯产量最高的国家，比重超过全球总量的 60%。从 2009 年到 2013 年，我国电梯产量年均增长率达到了 21.96%。伴随着电梯的爆发式增长，随之而来的是电梯系统运行费用的居高不下，因此，对电梯系统的调试变得尤为重要。

4.4.2.1 电梯动能回馈节能技术

变频调速器通过电动机可以将电梯减速，或者通过将轿厢和对重平衡块的质量差带来的电梯运行时的机械能转变成电能存储在变频器直流环节的大电容中，经有源能量回馈器将大电容中储存的电量无消耗地回送给电网，从而达到节电目的。分析计算和样机实测表明，电梯的梯速越快，楼层越高，机械传动消耗越小，则可回送电网的能量越多，最多回送电量可达电梯总消耗量的 40%。

4.4.2.2 扶梯节能控制系统

在扶手电梯的入口处增加载客感应器，无乘客到达时停止运行。当有乘客到达入口感应区域时，电梯自动启动运行。在一个运客周期后如没有新乘客到达，电梯自动停止运行。电梯的启动和停止平稳顺畅，无跳动感觉。电梯启动时逐渐加速到全速，当逐渐减速到零速时电梯停止。扶梯节能控制系统节能效果显著，通常节能效率可以达到 20% ~60%。

第5章　既有大型公共建筑用能系统控制与调节

5.1　暖通空调系统控制与调节

5.1.1　概述

暖通空调系统控制与调节主要包括冷热源、水系统和末端控制等三部分，当系统处于正常运行工况时，各控制与调节部分应处于最佳节能和改善热舒适状态。

对于冷热源系统：在非高温高湿的室外情况下，应适当提高冷冻水供水温度；在满足空调负荷需求的情况下，应优先选择效率高、经济性好的冷热源设备运行；在控制多台机组时，应根据负荷变化实时调节各设备，使每台冷热源设备均在合理的负荷率下运行，避免冷热源设备低负荷低效率运行；在过渡季，允许采用冷却塔作为冷源直接供冷。

对于水系统：水泵的运行台数与设备一一对应；在变流量水系统中，冷却水的总供回水温差不应小于5℃；冷冻水总供回水温差不应小于4℃；在二次泵系统中，冷冻水供回水温差不小于4℃。冬季供暖情况下，热水供回水温差不应小于设计工况的80%。

对于末端：末端的主要控制参数为室内温度、室内湿度和新风量，在经济运行工况下不应超过表5－1规定的范围。

表5－1　室内环境控制参数值

房间类型	夏季		冬季		新风量(m^3/h)
	温度(℃)	相对湿度(%)	温度(℃)	相对湿度(%)	
特定房间	≥24	40～65	≤21	30～60	≤50
一般房间	≥26	40～65	≤20	30～60	10～30
大堂、过厅	26～28	——	≤21	——	≤10

5.1.2　暖通空调系统控制方法

如图5－1所示，目前暖通空调系统控制方法主要分为经典控制、硬控制、软控制、混合控制等。经典控制是既有大型公共建筑暖通空调系统的常用控制方法，常用于室温控制，送风压力控制，供水温度和流量控制等，包括开/关控制和比例控制(P)、比例积分控制(PI)和比例积分微分控制(PID)。开/关控制原理是设定上下限值在给定的范围内调节，是一种线性控制,它将给定值 $r(t)$ 与实际输出值 $y(t)$ 的偏差的比例(P)、积分(I)、微分(D)通过线性组合形成控制量,对被控对象进行控制。开/关控制是最直观和最容易实现的,但它无法控制具有时间延迟的过程。由于许多暖通空调系统的高热惰性,使用开/关控制器控制的过程从设定值处有较大的波动。PID 控制虽取得了良好的控制效果,但控制器参数的整定比较烦琐,当运行条件与整定条件不同时,控制器的性能会下降。

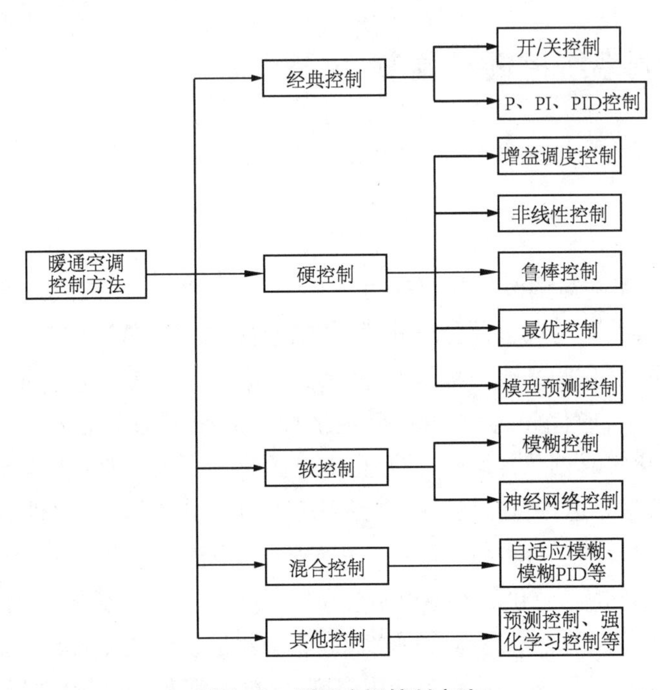

图 5-1　暖通空调控制方法

5.1.3　冷源与水系统控制与调节

冷源按驱动方式分为电动冷水机组和热驱动的吸收式冷水机组,在既有大型公共建筑的冷源主要由电动冷水机组、冷冻水泵、冷却水泵和冷却塔组成,以下为冷源主要控制内容。

1. 冷源系统的启停控制

因为冷水机组内部控制往往由厂家集成设计,只要给定要求的出水温度,自动调节制冷量,就能完成自身的安全保护和运行,但机房所有设备还需人工或自控系统控制启停,故需要设置合理的启停顺序。

2. 冷水机组的冷量调节

冷量调节的目的是保证冷水机组提供的冷量能与建筑的冷负荷动态匹配。

对于单台冷水机组冷量调节,结构形式不同方式也不同。离心式冷水机组主要通过改变压缩机转速和调节压缩机入口导向阀的方法调节制冷量;螺杆式冷水机组主要通过调整滑阀位置和压缩机转速的方法实现制冷量调节;活塞式冷水机组主要通过改变工作的气缸数和改变压缩台数的方法调节冷量；吸收式冷水机组主要通过改变供热量的方法来实现制冷量调节。

对于多台冷水机组冷量调节还要控制机组运行的台数，冷水机组的台数控制主要有三种方法：压差旁通控制法，回水温度控制法，负荷控制法。

(1)压差旁通控制法

压差旁通控制法是目前台数控制的主要方法，原理如图 5 – 2 所示，在冷冻水供水管网中分水器与回水管网中集水器之间设置压差旁通阀，实时检测压差并将信号送入控制器与设定值比较后输出控制信号，调节旁通管上电动调节阀(压差调节阀)的开度，实现供水与回水之间的旁通，以保持供、回水压差恒定，当旁通管的流量达到单台冷水机的流量时就要停止一台冷水机组，并且旁通阀应关闭。

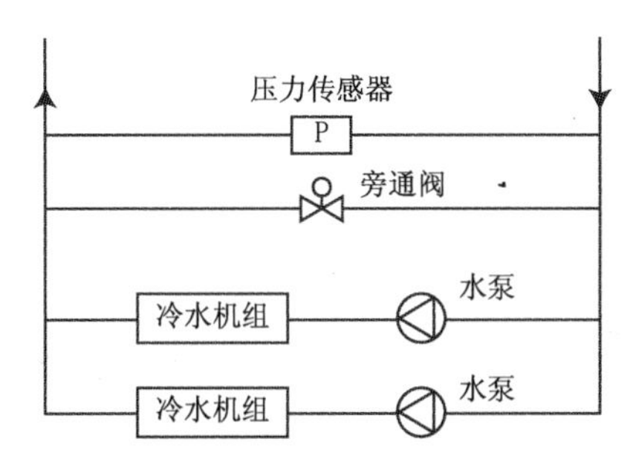

图 5 – 2　压差旁通控制法

(2)回水温度控制法

在回水管道上设置温度传感器实时监测回水温度，在供水温度不变的情况之下，不同的回水温度实际上反映了空调系统中不同的需冷量，故根据回水温度调整冷水机组台数。

(3)负荷控制法

负荷控制法原理如图 5 – 3 所示，在分集水器供回水管道上设置温度传感器和在供水总管上设置流量传感器，检测供回水温度值和冷冻水流量，传输给控制器，计算出空调实际需要的冷负荷，然后控制冷水机组投入台数。

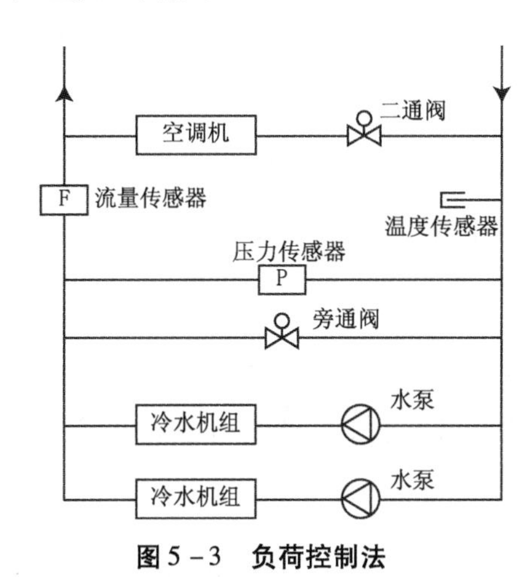

图 5 – 3　负荷控制法

3. 冷却水系统的控制

冷却水系统主要由冷却泵、冷却水管道、冷却塔及冷凝器等组成。冷却水系统控制方法主要分为出口温差控制和出口水温控制。

(1)出口温差控制

出口温差控制主要原理是指通过调节冷凝器两侧温差来控制冷却水泵变流量和通过调节冷却塔进出水温差来实现冷却塔风机变转速,控制框图如图5-4所示。

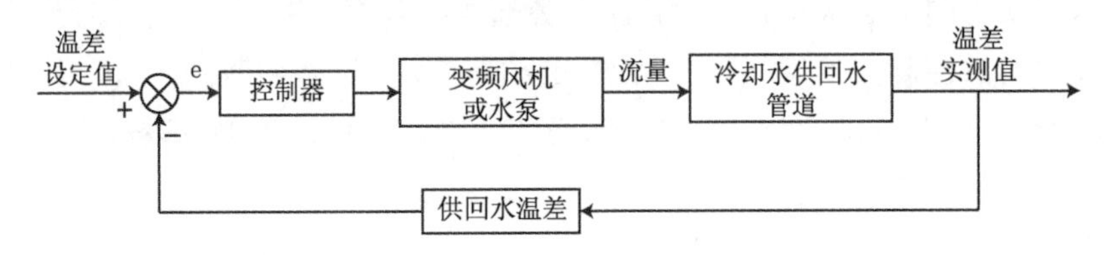

图5-4 出口温差控制

在进行冷却塔出水温度控制时,由于受到室外湿球温度的限制,其设定值有下限存在。在进行冷凝器出水侧温度设定时要充分考虑冷机的节能情况。

(2)出口温度控制

冷却水系统温度控制主要是通过控制冷却塔出水温度来实现冷却塔风机的变流量运行。通过控制冷凝器侧冷却水出水温度来实现冷却水泵变流量运行,其控制框图如图5-5所示。

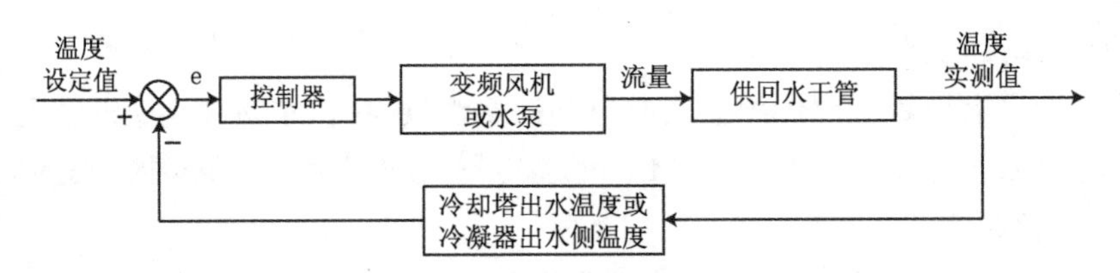

图5-5 出口温度控制

在进行冷却塔出水温度控制时,由于受到室外湿球温度的限制,其设定值有下限存在。在进行冷凝器出水侧温度设定时要充分考虑冷机的节能情况。

4. 冷却塔的控制

(1)风扇控制

风扇控制主要分为频率控制和风扇开启台数控制,系统通过监测流入冷却塔冷却水的温度来算出冷却塔的最佳工作点,然后通过控制冷却塔风扇的运行频率和开启台数来达到控制空气质量流速的目的。

(2)液位控制

冷却塔下部设置有水盘,一般在水盘内设置液位传感器来监控水盘内冷却水的液位,当系统监测到水盘内冷却水液位高于上限值或低于下限值时会报警,冷却塔自动或人工开启补水设备进行补水。

5. 冷冻水系统控制与调节

冷冻水系统有很多分类,按流量调节形式分为定流量系统和变流量系统,按管网布置形式分为一次泵系统和二次泵系统。冷冻水系统控制方法主要有定压差控制和定温差控制两种。

(1)定压差控制

定压差控制主要分两种设置方法,一是干管定压差,在冷冻水供回水干管上设置压差传感器以检测压差,此压差随着阀门的调节的变化而变化,以供回水压差为控制对象从而调节水泵转速。二是末端定压差,在最不利环路的末端侧设置压差传感器,当末端电动阀开度发生变化时,从而根据此偏差对水泵进行调节。

(2)定温差控制

定温差控制即通过在冷冻水供回水干管处设置温度传感器以检测温度,维持冷冻水供回水温差一定,当末端负荷发生变化时,根据与设定供回水温差的偏差调节水泵的转速,从而降低水泵能耗。

5.1.4　热源与水系统控制与调节

既有大型公共建筑不同热源形式有其自身的技术特点和应用范围,根据热源的形式可以分为集中式热源和独立式热源。

集中式热源主要有热电联产和区域锅炉房,然后通过板式换热器制备热水向公共建筑暖通空调末端装置供应热量。大型公建冬季独立式热源可采用燃油锅炉、燃气锅炉以及电锅炉等制备热水直接或间接向建筑内部暖通空调系统供应热水。也可采用热泵机组作为公共建筑暖通空调系统的冷热源。

1. 热源系统的控制

(1)以热电联产或区域锅炉房为热源的公共建筑

以热电联产或区域锅炉房为热源的公共建筑其热水来自热力站。通过控制安装在一次侧供水管路或回水管路上的电动调节阀开度或分布式变频泵频率,实现热力站向二次侧的热量供应,可采用以下控制方式。

①供水温度控制。系统以满足公共建筑内部热环境的供水温度为目标,自动调控电动调节阀的开度或分布泵的频率实现按需供热。

②供回水均温控制。系统以满足公共建筑内部热环境的供回水温度为目标,自动调控电动调节阀的开度或分布泵的频率实现按需供热。

③热量控制。系统以满足公共建筑内部热环境的热量为目标,自动调控电动调节阀的开度或分布泵的频率实现按需供热。

(2)燃气锅炉系统控制

公共建筑以燃气锅炉作为独立热源时,分为燃气锅炉直供系统和间供系统两种形式。对于直供系统锅炉采用如5.1.3节相似的控制原理和形式。对于间供系统采用质量并调的方式。

1)质调节方式分为以下四种。

①供水温度控制:将目标温度值下发至锅炉本体控制系统中,燃气锅炉自控系统自动

实现供水温度目标值控制。

②供回水均温控制:将目标温度值下发至锅炉本体控制系统中,燃气锅炉自控系统自动实现供回水均温目标值控制。

③室外温度补偿曲线:根据室外温度,在锅炉自动控制系统中设定调控曲线,锅炉自控系统自动调节供水温度实现节能运行。

④分时控温运行:为了进一步节能,根据人的作息和充分利用太阳能自由热,对系统室外温度补偿曲线在不同时间段进行修正。

2)量调节方式:量调节采用定压差变频控制方式,在以上四种方式的基础上,因为暖通空调系统末端会安装二通阀,当各房间用热需求不同时,二通阀将进行开关动作,则系统水力是波动的,所以在以上质调节的基础上应结合定压差变频调节,实现质量并调满足暖通空调系统的用热需求。

2. 热水系统控制与调节

热源水系统的控制方式:采用锅炉直供时,应保证锅炉侧定流量和使用侧变流量的要求,并采取防止对锅炉(特别是燃气锅炉)冷凝腐蚀的措施。如为单级泵系统,供、回水管间设置压差旁通阀。根据回水温度对设定值的偏离,增、减锅炉运行台数或改变单台锅炉的燃烧量,调节锅炉的出力;根据供、回水压差或供、回水温差对设定值的偏离,增、减循环水泵运行台数或进行变频调速,调节循环流量。

如为双级泵系统,可采用连通器划分热源侧一次水与用户侧二次水系统。仍根据回水温度对设定值的偏离,调节锅炉的出力;热源侧一次水循环泵原则上与运行锅炉一一对应,也可以根据一次水供、回水温差对设定值的偏离,增、减循环水泵运行台数或进行变频调速,调节循环流量;二次水循环泵,应受控于二次水供、回水压差(或温差)对设定值的偏离,调节循环流量。

采用换热器间接供热、二次水且为变流量系统(末端设备配有受室温控制器控制的电动两通阀)时:根据二次水回水温度对设定值(例如50℃或气候补偿器等供热量自动控制装置根据实时室外气象条件给出的数值)的偏离,调节换热器一次水侧的调节阀,改变一次水流量,使运行水温回复到设定值;根据二次水供、回水压差(或温差)对设定值的偏离,改变二次水循环水泵运行台数或对循环水泵进行变频调速,使二次水的供、回水压差和温差保持恒定。

5.1.5 末端控制与调节

1. 风机盘管加新风系统控制

(1)风机盘管的控制

目前,风机盘管调节室内温度主要分为两种方式:一是水侧通过改变冷冻水量调节室内温度的质调节,二是风侧改变风机盘管送风量调节室内温度的量调节。

水侧改变冷冻水量原理是利用室内温度传感器和控制器,改变电动调节阀门的开度,从而调节流经盘管的冷、热水流量来达到控制温度的目的。目前,冷冻水量调节方法主要有两种：一是在冷冻水管路线上安装电磁阀，如图5－6(a)所示，当室内温度高于恒温控器设定值时，打开电磁阀门，此时盘管处于冷却或加热状态；当室内温度低于室内温控器设定值时，电磁阀关闭，盘管处于不工作状态。二是在冷冻水管上安装电动三通阀，如图5－6(b)和图5－6(c)所示，温度控制器根据室内温度的测量值与设定值之间的偏差，控制三通阀门的开启，使冷冻水或热水全部通过风机盘管或者全部旁通流入回水管，进而调节送风温度。

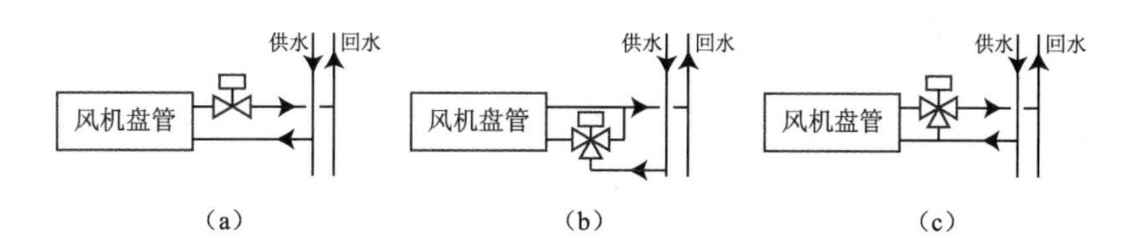

图5－6　风机盘管水侧调节

(a)二通阀调节　(b)三通阀(供水)调节　(c)三通阀(回水)调节

如图5－7所示，风侧改变风机盘管送风量的原理是风机盘管采用三挡变速风机，按照高、中、低三挡控制风机的风量，用户可以根据需求手动调节三速开关的挡位。通常情况下，风机盘管的恒温控制器一般情况下与三速开关组合到一起，当室内温度高于设定值时，控制器调高风机挡位；当室内温度低于设定值时，控制器调低或关闭风机挡位。

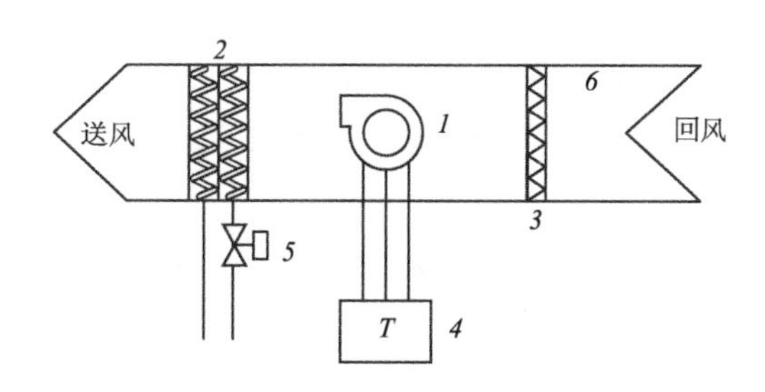

图5－7　风机盘管风侧调节

1. 风机　2. 冷热盘管　3. 过滤器　4. 恒温控制器　5. 电磁阀　6. 箱体

(2)新风机组的控制

如图5－8所示，新风机组设有温湿度传感器，系统实时将出风口温湿度传感器的模拟量测量值传输给直接数字控制器(DDC)，DDC在控制器中与设置值进行比较，控制器一般采用PID算法计算输出控制量给执行器，执行器调节电动调节阀的开度，进而调节冷热水量和加湿量，以维持稳定的送风温湿度。

2. 定风量空调系统控制

定风量空调系统控制主要是针对空调机组的启停控制、回风温度和湿度的控制、风机联锁控制和预热控制等。图5－9为常见的定风量空调系统控制原理图，并列出主要的控制与调节内容。

(1)空调机组的启停控制

根据事先排定的工作及节假日作息时间表，设定开启时间段，当空调机组处于自动控

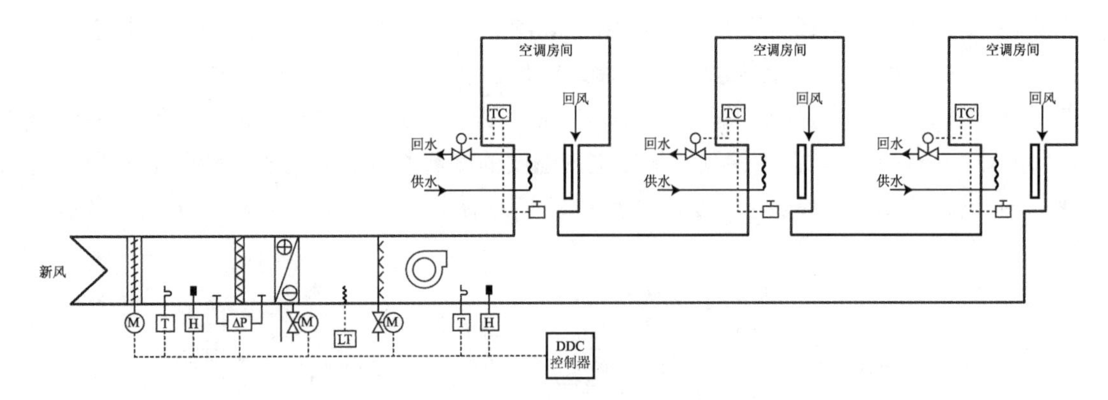

图 5－8　新风机组控制图

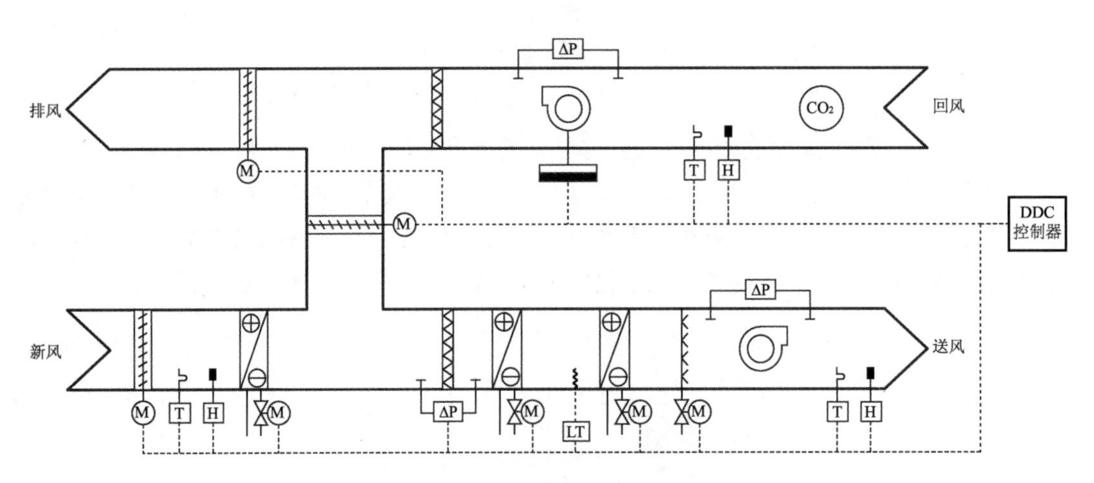

图 5－9　定风量空调系统控制图

制时，由控制器按预编程之时间程序自动启停。

(2)空调回风温度自动控制

回风控制就是代表对室内温度进行控制，把回风温度作为控制目标，根据回风温度与设定温度的偏差，DDC 输出信号，可按 PID 控制算法规则调整表冷器或加热器回水电动调节阀开度，自动控制送入房间的冷量或热量，进而调节房间温度，达到室内温度设定值。

(3)空调回风湿度自动控制

通过送入 DDC 控制器中的回风管道上的湿度传感器模拟量输入信号与相对湿度设定值比较，输出按 PID 控制算法输出调节加湿器的电动调节阀开度，控制加湿量达到室内相对湿度的要求。

(4)风机联锁控制

为保护空调机组设备，定风量空调系统的启动顺序控制通常为：首先开启冷热水调节阀，再启动送风机、回风机，最后开启新风阀门、回风阀门和排风阀门。停止控制顺序为：先停止回风机、送风机，再关闭新风风门、回风风门、排风风门，最后关冷热水阀。

(5)寒冷季节预热控制

在图 5－9 中，在新风阀门后及混风阀前设置了预热器。这是因为在寒冷和严寒地区的冬季，气温很低且温差变化幅度大，即使采用最小新风量，加热新风的热负荷依然非常大，所以需要启动新风预热器，将寒冷的新风预热到5℃以上，再与回风混合，进行加热和加湿处理。

3. 变风量空气系统控制

本部分对单风管变风量空调系统控制进行理论介绍。

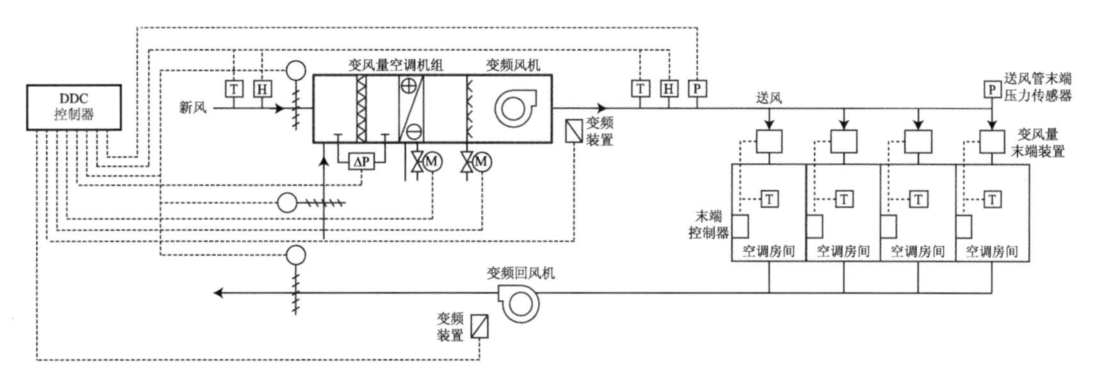

图5－10　单风管变风量空调系统控制图

如图5－10所示为单风管变风量空调系统，系统调节室内温湿度流程如下，首先新风与回风混合，变风量空调机组统一处理混合后的空气，通过送风管道和变风量末端装置，将处理好的空气送到房间内。末端控制器根据空调房间温度的变化，调节变风量末端装置中的电动风阀开度，进而调节被控区域的送风量，维持室内的温度平衡稳定。所以要完成的控制内容主要包括室内温度控制、送风管道静压控制、送风温度控制和新风量控制。

(1)室内温度控制

变风量空调系统对室内温度的控制是通过调节末端装置阀门的开度，控制送入室内的风量来实现的。所以对室内温度的控制实质上是对末端装置阀门开度的控制，目前工程上所采用的末端装置控制方法主要有两种：压力相关型和压力无关型。

①压力相关型。如图5－11所示，压力相关型控制法实际上就是在末端装置箱体内安装一个可控的风量调节阀门，它接受阀门控制器的指令调节各自房间合适的送风量。由于变风量空调系统中设置于各个空调房间的末端装置都在不断地调节各自房间的送风量，因此整个空调系统的送风管道静压值处在不断的变化中。

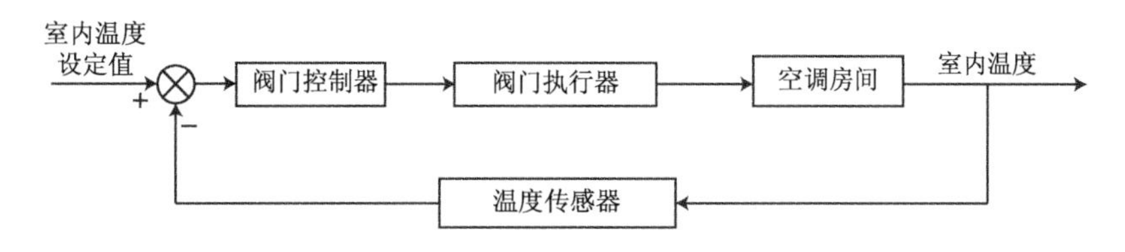

图5－11　压力相关型末端装置控制框图

②压力无关型。如图5－12所示，压力无关型变风量末端装置阀门的执行器同时接受室内温度控制器和阀门控制器两个的指令而动作。当温度控制器根据室内负荷计算出室内所需风量时，此控制量是在送风管道静压不变的情况下给出的，而实际上，由于其他房间的末端装置阀门也在不断地调节阀门的开度，这样势必引起送风管道静压和送风量变化。在末端装置

的送风口加流量传感器，检测室内送风量的变化，当送风管道静压发生变化时，控制器可使阀门执行器再调，以消除送风管道静压的变化对送风量的影响，这样使系统的运行更加稳定。

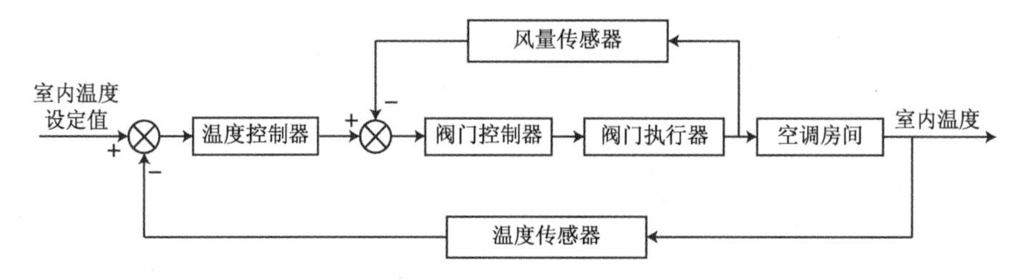

图 5 - 12　压力无关型末端装置控制框图

(2)送风管道静压控制

送风管道静压控制方法包括送风机转速控制、入口导向叶片控制以及送风管路性能控制等。调节风机转速的控制方法最为节能，也是普遍使用的方法。通常由静压传感器来测量送风管道静压的值，并通过控制变频器来调节送风机的转速，维持送风管道的静压值恒定。

(3)送风温度控制

由变风量空调系统的原理可知，变风量空调系统是固定送风温度，改变送风量的方式进行空气调节，所以系统运行过程中，送风温度是恒定的。温度传感器对空气处理机组的实际送风温度进行测量，并与规定的送风温度进行比较，由冷/热水阀执行器控制冷/热水阀门的开度，实现对送风温度的控制。变风量空调系统送风温度控制框图如图 5 - 13 所示。

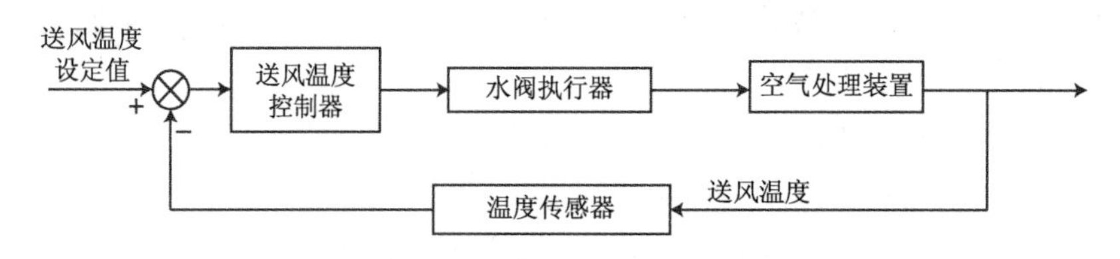

图 5 - 13　变风量空调系统送风温度控制框图

(4)新风量控制

相对于定风量空调系统，变风量空调系统对于最小新风量的控制要复杂得多。对新风量的控制方法主要有新风量直接测量法、二氧化碳浓度检测法和送/回风风量测量法。

5.2　照明系统控制

5.2.1　概述

照明控制的目的在于提高建筑照明的视觉质量、延长灯具的使用寿命，应对不同条件和需求，营造不同氛围，以及照明节能。照明控制还能有效提高照明系统的稳定性和可靠性，简化系统的运行管理。根据我国颁布的《建筑照明设计标准》GB 50034—2013，大型公共建筑宜按使用需求采用适宜的自动(含智能控制)照明控制系统。智能的照明控制方式应用能有效降低电能消耗，本节主要介绍照明系统控制原理和内容。

5.2.2 照明系统控制方式

照明控制是照明系统的组成部分之一,也是照明节能重要方法之一。随着技术的不断发展,照明系统控制方式一般分为手动控制,自动控制和智能控制三种控制形式。

1. 手动控制

手动控制是通过设置在被控区域的开关面板或配电柜中的断路器手动直接控制对应回路的灯具,如图5-14所示。这种控制手段非常基础,缺点是完全依赖生产人员的自觉意识来节能,效果不佳,且非常不利于大型公共建筑的管理。

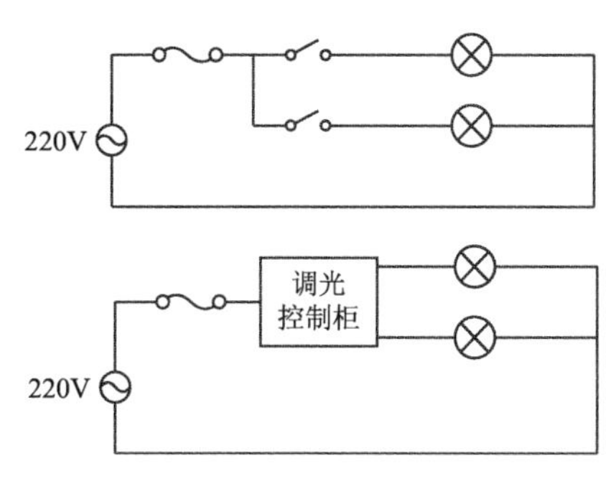

图5-14 手动控制

2. 自动化控制

自动化控制是指在没有人工手动控制下利用了声、光、电等外来设备或装置,使照明灯具的工作状态或参数自动地按照预定的规律运行,但自动控制系统往往没有控制面板,实现场景预设等复杂功能难度较大,且难以完成网络化的监控管理任务。

3. 智能控制

智能控制系统于20世纪90年代引入我国,主要原理是将建筑中的各种照明灯具和开关电器等电气设备按需要和区域划分成若干组别,利用DDC照明控制器接入楼宇自动控制网络,以时间表或事件程序控制方式及传感器照度控制方式,自动实现灯光照明设备的启闭,从而建立舒适、合理的照明环境,并达到降低能耗的效果,智能控制如图5-15所示。

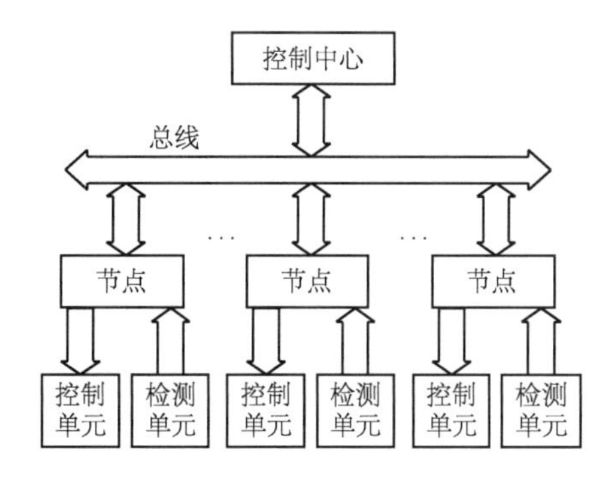

图5-15 智能控制

5.2.3 照明系统功能分类

照明系统控制按照功能分为房间照明控制、走廊和楼梯照明控制、障碍照明控制、室外景观照明控制等。

1. 房间照明

建筑内部房间照明显著特点就是白天工作时间长,因此房间照明要把天然采光和人工照明协调起来,达到节约电量的目的。当天然采光满足不了房间照明条件时,根据照度监测仪器反馈信号或预先设定的时间进行调节,开启灯具或调节灯具亮度以增强人工光的强度。当天然采光满足房间照明条件时,适当关闭灯具或调低灯具亮度,使天然光线与人工光线始终动态补偿,达到房间照明最佳状态。

2. 走廊和楼梯照明

在公共建筑照明系统中,走廊、楼梯照明往往是最容易被忽略的一部分,在既有大型公共建筑中存在许多问题。控制应以节约电能为原则,在非办公时间段应及时关闭,防止长明灯,因此照明系统的 DDC 控制器应按照预先设定的时间程序自动地切断或打开照明灯具。

3. 障碍照明

障碍照明是指安装在建筑外的高空障碍灯,是否装设应依据各地区的航空管理部门的规定,一般装设在建筑物或构筑物凸起的顶端,采用单独的供电回路,同时还要设置备用电源,利用光电感应器件通过障碍灯控制器进行自动控制障碍灯的开启和关闭,并设置开关状态显示与故障报警。

4. 室外景观照明

一般对于大型公共建筑,为了美化城市夜晚环境常需要设置供夜间观赏的景观照明。目前立面照明通常选用投光灯,投光灯的开启与关闭由预先编制的时间程序进行自动控制,并监视开关状态,故障时能自动报警。

5.2.4 照明系统控制策略

照明控制应满足《民用建筑电气设计规范》相关规定,应用表 5 - 2 所示主要控制技术。在既有大型公共建筑中常用的照明系统控制策略在实际运用中,不应该局限于以下某一种控制策略,使用时可根据建筑的自身功能需求采用具有针对性的控制策略,或将几种控制策略相结合设计出效果最佳、最节能的控制方案。对于建筑的节能和人员的舒适,这是值得推荐的。

表5-2　照明系统控制策略

控制策略	控制装置	动作原理	应用场所
自动开关控制	感应开关	室内没人时自动关闭照明	时断时续的办公室、会议室、洗手间、休息室和敞开式的办公区域
	照明控制面板,定时器	在控制继电器面板上,根据时钟设定的日程开启或关闭照明	在需要正常运营时间和空间保持照明的区域大堂、走廊、公共场所和一些敞开的办公区域
	时间开关	墙式开关手动打开照明并在预定时间之后自动关闭	有频繁活动的空间或传感器可能无法一直工作的场所,例如储物间、机械和电气室、摆放设备装置的壁橱和清洁室
	楼宇自控系统	利用其他建筑智能化系统与照明控制系统之间的联锁或操作照明控制系统装置来关闭照明	需要在正常运营时间和空间保持照明区域,空间安排使用非常广泛的地方,如多功能厅,社区服务中心和健身房
减弱亮度的照明控制	电压开关	能够控制亮度的开关(一般是两个开关),可以选择性关闭灯具或灯泡	适用于所有内部空间(走廊和洗手间除外)
	低压开关	此类开关通过关掉继电器控制面板或分布式控制照明来减弱照明亮度	
	感应开关	有两个继电输出的墙壁开关传感器和两个独立的开关同时控制两种不同的亮度	
	调光控制	低压开关的调光控制器或电压调光控制器减少照明亮度,可编程调光控制系统可调整最多四种不同的照明组来实现调光控制	
	高/低控制	外部控制装置(即传感器、面板等)指示 HID 固定装置上的高/低控制器来减少照明亮度	
自然采光控制	手动开关	当自然采光充足时,用户利用电压或低压开关关掉照明灯具	有助于足够采光的建筑因素(视窗、天窗等)的室内空间
	自动交换控制器	当自然采光充足时,照明传感器与控制装置关掉照明灯具	
	墙式电压控制调光器	当自然采光充足时,墙式感应开关或低压指示调光控制器调暗照明灯关掉照明灯具	
	自动调光控制器	可调节镇流器及自动调光的采光控制器液晶面板加上照度传感器的调光	

5.3 通风系统控制与调节

5.3.1 概述

大型公共建筑内往往设置了复杂的通风系统,这包含了建筑中各洗手间的排风系统,设置在餐厅厨房,地下车库和各设备间的通排风系统,其中也涉及空调系统的新风和排风系统。合理设计组织好公共建筑建筑内外的通风和排风,有益于改善建筑物室内空气质量,排除室内有害气体(甲醛、苯和CO等),提高人员舒适度,降低整个空调系统能耗。对于室内空气流通不通畅的公共建筑,会导致空气质量下降,有害气体超标更会影响人员的身体健康。除此之外,在冬季或夏季不合理的通风还会将室外炎热或寒冷空气过量引入室内,这既没有改善人员的舒适度又显著地增加空调能耗。所以合理的通风系统对公共建筑对降低空调能耗,改善人员舒适度,提高人员身体健康,有着重要作用。

5.3.2 通风与防排烟系统分类

1. 通风系统分类

通风系统主要分为地下室通风、车库通风、厨房通风。

(1)地下室通风

大型公共建筑地下室面积大,层数一般为1~3层,除大部分作地下车库外,通常还设置部分设备用房,这些往往需要设置通风系统。

(2)车库通风

大型公共建筑地下车库一般设置了独立的送排风系统。

(3)厨房通风

既有大型公共建筑的厨房应设置机械排风系统,厨房排烟风道不应与防火排烟风道共用。厨房的通风量通常按换气次数估算。

2. 防排烟系统分类

防排烟系统可分为自然排烟和机械排烟两类,其基本原理和通风系统中排风做法相似。在大型公共建筑中主要设置机械防排烟系统。

(1)机械防烟系统

机械防烟系统是指利用风机进行机械加压送风,使被保护部位的室内空气压力为相对正压,防止烟气进入保护区内,控制烟气的流动方向,便于人们安全疏散和及时补救。

(2)机械排烟系统

机械排烟系统是指利用风机做动力,强制将烟气排除到室外的系统。机械排烟系统通常由烟壁、排烟口、排烟道、排风机、排演出口、排烟防火阀等组成。

5.3.3　通风与防排烟系统设备

1. 风机

通风与防排烟系统主要用风机为通风管道输送空气提供动力，风机按结构功能不同可分为通风机、压气机、鼓风机和引风机等，按控制方式分为变频运行和定频运行。

2. 防火阀

通风空调系统中，风机前一般会设一个常开式电动防火阀，防火阀是用来阻断来自火灾区的烟气及火焰通过，并在一定时间内能满足耐火稳定性和耐火完整性要求的阀门。

70 ℃防火阀是安装在通风空调系统的送回风管道上的常开式阀门，当某个区域发生火灾，烟雾弥漫到通风管道且烟气温度达到70 ℃时，熔断熔片，阀门自动关闭，防火阀具有一定的耐火性，起到阻烟阻火作用。

3. 排烟防火阀

排烟防火阀主要是安装在机械排烟系统管道的常开式阀门，主要作用是关闭排烟管道，因为发生火灾时需要依靠该管道排烟，烟雾弥漫到排烟系统管道且烟气温度达到280 ℃时，表明管道已经失去排烟的必要，此时熔断熔片关闭防火阀，联锁关闭正在开启运行的排烟风机。

4. 排烟阀

排烟阀一般安装在排烟系统支管端部，平时常闭，发生火灾时烟感探头发出火警信号，消防控制中心通过远程控制将阀门打开排烟，也可手动使阀门打开，手动复位。

5.3.4　通风与防排烟系统控制

1. 通风系统的控制

一般通风系统通常指公共建筑中除防火排烟控制系统之外的通风系统，主要包括送风系统和排风系统。图5－16所示为一般通风系统中的送风机和排风机系统控制示意图，主要被控对象是送风机或排风机，采用手动控制的方法也可以满足控制要求。

(1)对滤网进行压差监控

当过滤网两端压差超过设定值时，输入DI信号，控制器发出报警信号，提示工作人员进行维修更换。

(2)联锁送风机启停控制

在图5－16(a)中，对送风机进行运行监控(B点)、故障报警(C点)、高低速控制(D点)、启停控制(E点)和监控防火阀开启或关闭的工作状态(F点)。防火阀平时呈开启状态，当送风温度达到70 ℃时，自动关闭，联锁送风机停止运行。

(3)在图5－16(b)中，对排风机进行运行监控(B点)、故障报警(C点)、高低速控制(D点)、启停控制(E点)和监控排烟防火阀开启或关闭的工作状态(F点)。排烟防火阀平时成开启状态，当送风温度达280 ℃时，自动关闭，联锁送风机停止运行。

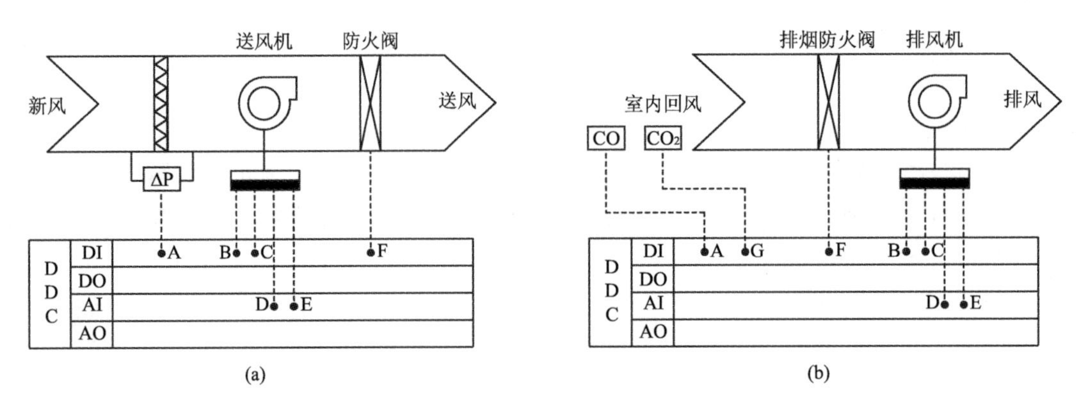

图 5－16 控制示意图

(a)通风系统 (b)排风系统

2. 防排烟系统的控制

在确定火灾后，由消防控制中心输出控制指令，关闭空调系统中的送风机和排风机以及一般通风系统的通风机；启动正压送风机，同时打开火灾层和相邻层前室送风口；打开火灾层对应防烟分区内所有的排烟口，并同时开启排烟风机。当烟气扩散到其他防烟分区后，通过感烟探测器报警，消防控制中心远程打开对应防烟分区所有的排烟口，并同时开启该分区的排烟风机。

5.4 建筑能耗监管系统

5.4.1 概述

公共建筑能耗监管系统是一个集能耗实时监控、数据采集分析、信息发布、节能评估于一体的信息化管理平台，它极大程度地取代了人工的管理，促进了信息技术与节能工作的融合，从而达到建筑内资源节约利用和可持续发展，可以为实现国家建筑节能减排政策奠定基础。

建筑能耗监管系统按其监管的范围可以分为业主建筑能耗监管、市级能耗监管、省级能耗监管和部级能耗监管，包括建筑基本信息查询、照明插座系统监控、给排水系统监控、空调系统监控、电梯系统监控以及特殊区域能耗统计等。系统构架以导则为基础，主要采用 B/S 架构，满足系统开放性、伸缩性、扩展性、易维护性等多方面要求。

5.4.2 建筑能耗监管系统功能

建筑能耗监管系统具有以下几项功能。

1. 数据采集

通过有效通信接收从数据采集器发送来的合法数据，一方面对原始数据包进行存储，另一方面将接收到的数据路由到数据处理子系统进行处理。

2. 数据处理

数据处理是对数据采集系统接收的数据包进行校验和解析，并对原始采集数据进行拆分计算，进而得到分项能耗数据保存到数据库中。

3. 分析展示

数据分析展示经过数据处理后的分类分项能耗数据进行分析、汇总和整合，通过静态表格或者动态图表方式将能耗数据展示出来，为节能运行、节能改造、信息服务和制定政策提供信息服务。

4. 数据存储

信息储存子系统主要是对能耗监管平台需要的各种信息进行录入和维护。

5.4.3 建筑能耗监管系统作用

能耗监管系统不仅采集各系统能耗、分析能耗数据和上传和储存能耗数据，还根据系统能耗数据分析结果及时控制调节系统状态，有着提高能效性能和环境性能的作用。

1. 提高能效性能

建筑能耗监管系统有着节能降耗提高系统能耗的作用，在实际建筑控制调节过程中分别对主要的用能系统进行监控。对于暖通空调系统，不论是夏季工况还是冬季工况，建筑能耗监管系统对空调系统的运行状态、新风温湿度、回风温湿度和送风温湿度等运行参数进行监控，根据各项能耗参数指标来分析选择控制器的控制策略，到达提高系统能效性能的作用。对于照明系统，建筑能耗监管系统可针对建筑各层进行细分，每层再根据区域功能的区别进行分项统计显示。同时监管系统通过控制各设备（如总开关、电表等）来实现对现场设备的节能管理，以达到提高系统能效的作用。对于给排水系统，系统分为给水和排水两个子系统，监管系统通过安装的各种传感器，如液位传感器、压力传感器等，分别对各水系统阀门、水泵等设备进行控制和调节，达到节约用水和提高系统能效的作用。

2. 提高环境性能

建筑能耗监管系统通过各适宜的控制调节，能提供安全、热舒适性好和高效便捷的建筑环境，能够确保人、财、物的高度安全以及具有对灾害和突发事件的快速反应能力，还提供室内适宜的温度、湿度和新风以及多媒体系统、装饰照明、公共环境背景音乐等，可大大提高人们的工作、学习和生活质量。连接分离的设备、子系统、功能、信息等，通过计算机网络集成为一个相互关联统一协调的系统，实现信息、资源、任务的重组和共享，为人们提供一个高效便捷的工作、学习和生活环境。

第6章　既有大型公共建筑低成本改造

6.1　暖通空调系统的低成本节能改造

6.1.1　冷热源系统改造

1. 增设一台小机组

大型公共建筑的负荷需求大，运行时间长。常规的冷热源方案选择时，通常只考虑满足建筑最大的冷负荷需求，因此冷水机组选型一般较大。但在建筑供冷初期或者末期，建筑负荷需求相对较低。因此在建筑的供冷初期和末期，如果仍旧采用按照最大冷负荷选择的冷水机组进行工作，会出现了“大马拉小车”的现象，造成能量浪费。结合建筑负荷的运行特点，选择一台合适容量的小机组用于供冷的初期和末期，使在整个供冷周期下机组均能实现高效运行。

2. 空调冷源蓄冷技术

蓄冷空调系统是指将冷量以潜热或显热形式存储在某种介质中，并在需要的时候将冷量进行释放的空调系统。

(1)蓄冷系统的分类

空调蓄冷系统可以分为水蓄冷，冰蓄冷和相变材料蓄冷三种类型。

①水蓄冷系统利用水的温差变化储存显热量，蓄冷温差一般为6℃～10℃。蓄冷温度通常为4℃～6℃。水蓄冷主要是储存和释放显热量，因此占地面积一般较大。使用该系统要保证有充足的空间位置，如图6－1所示。

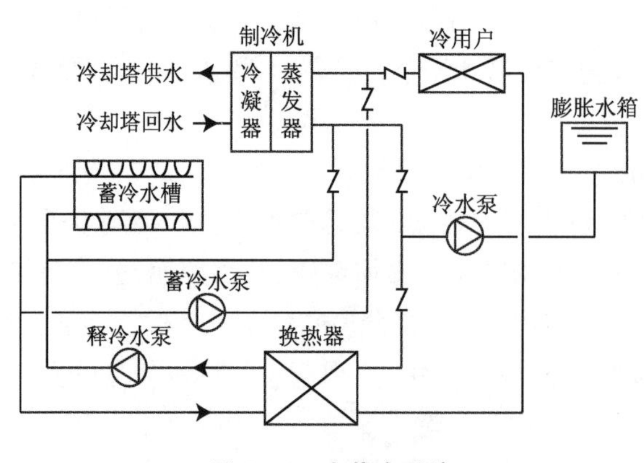

图6－1　水蓄冷系统

②冰蓄冷空调系统利用冰的溶解潜热储存冷量，制冰的温度一般为－4℃～8℃。冰蓄

冷槽比水蓄冷槽的占地面积小。

③相变材料蓄冷系统利用相变材料的相变潜热进行能量的储存与释放，较为常用的相变材料是共晶盐。

(2)既有空调冷源改造为蓄冷空调系统

既有空调冷源是否适合改造为蓄冷空调系统需要从以下方面进行考虑。

①建筑的类型。不同的建筑类型呈现的负荷分布规律是不一样的，只有对负荷集中且发生在用电高峰阶段的建筑，采用蓄冷系统可以充分利用低谷电价进行移峰填谷，大大降低运行费用。

②建筑原有的机房布置平面图以及可用空间情况。根据现有的制冷剂的位置，机房的平面布置，合理地设计蓄冷槽的空间大小，保证有足够的蓄冷装置安放空间。

③电价。一般当峰谷电价之比大于3:1时，利用蓄冷空调具有较大的优势。

④原有制冷机主机的类型。对于螺杆式或活塞式冷水机组，可以使用多种蓄冷系统，对单级离心式冷水机组，只适用于水蓄冷系统和共晶盐蓄冷系统。

⑤原建筑的空调形式。了解原有的空调方式是全空气系统、空气－水系统，还是制冷机直接蒸发系统，以便选择合适的蓄冷系统。

(3)蓄冷空调系统改造设计

在既有冷源的基础之上设计蓄冷空调系统，按照以下的步骤进行。

①空调冷负荷计算。系统改造前只计算了设计日逐时的冷负荷，并以此为依据进行冷热源设备的选择。若将原系统改造为蓄冷空调系统，必须了解建筑物各个时刻的负荷变化情况，使之能够按照转移高峰用电时段空调用电负荷最多、节省运行电费与电能最多的优化原则进行确定蓄冷负荷，因此进行蓄冷空调系统的设计必须采用动态空调负荷的计算方法。

②蓄冷率的确定。蓄冷率，反映的是蓄冷装置有效设计容量与设计日总冷负荷的比值。其大小决定了制冷系统设备容量的配置情况。在既有建筑改造过程中，应结合现有的制冷系统设备情况、负荷分布特性、全年负荷变化规律和电价等具体情况进行合理的设置。

③制冷机组的确定。在既有的冷热源基础上改造为蓄冷空调系统时，为了节省改造成本，应尽可能保留原有的冷水机组，在此基础之上，选择合适的蓄能系统进行改造设计。

④控制策略。蓄冷设备的容量配置与控制策略密不可分。在不同的控制策略下，蓄冷槽的蓄冷率不同。常用的蓄冷控制策略有三种：冷机优先、蓄冷槽优先和优化控制。

a. 冷机优先：该策略是冷水机组优先运行，直至冷水机组满负荷运行。当负荷进一步增大时，由蓄冷槽承担冷水机组负担不了的负荷。这种模式在工程上操作简单，易于实现，运行可靠。缺点是在冷负荷较小时，蓄冷槽的使用率很低，不能有效地起到消减高峰和降低用户的运行费用的作用。

b. 蓄冷槽优先：与冷机优先相反，该策略优先利用蓄冷槽进行供冷，直至蓄冷槽供冷能力不能满足建筑负荷需求时，再开启冷水机组进行辅助供冷。优点在于极大地利用了蓄冷槽的蓄冷能力。缺点是控制策略实现复杂。在我国的电价结构下并非最经济的运行方式，对消减电负荷的晚高峰贡献不大。

c. 优化控制：优化控制即利用计算机技术将蓄冷量合理地分布到每个小时，保证最大程度地节约电费。这种模式的优点在于更加有效地发挥蓄冷空调系统的优势，减少用电高峰期的用电量和运行费用。采用该项控制策略需要进行实时的室外温度预报和负荷预测，依次推算出最优化的运行模式。

⑤蓄冷设备容量的确定。蓄冷设备的容量按照以下计算公式进行确定：

$$Q_x = \frac{\alpha Q_d}{\beta} = N \cdot R_1 = N \cdot R_2 \cdot \eta \tag{6-1}$$

式中　Q_x——蓄冷装置的蓄冷容量，kW·h；

α——负荷转移率；

Q_d——设计日总冷负荷，kW·h

β——蓄冷槽的蓄冷效率，蓄冷槽槽体一般每天有1%～5%能量损失，且与保温状况、蓄冷槽所处环境、蓄冷槽设计形状等原因密切关系

N——夜间蓄冷时间，h

R_1——制冷机组在蓄冷工况下的制冷量，kW；

R_2——制冷机组在空调工况下的制冷量，kW；

η——压缩机容量变化，即制冷机组在蓄冷工况与空调工况时的制冷量之比。

蓄冷槽的体积计算公式为：

$$V = \frac{Q_x}{q} \tag{6-2}$$

式中　V——蓄冷槽体积，m^3；

Q_x——蓄冷装置的蓄冷容量，kW·h；

q——单位蓄冷槽体积蓄冷能力，kW·h/ m^3。

蓄冷循环水泵的流量计算公式为：

$$G = \frac{Q_0}{\rho_1 \cdot C_{\rho_1} \cdot t_1 - \rho_2 \cdot C_{\rho_2} \cdot t_2} \tag{6-3}$$

式中　G——蓄冷循环泵计算流量，m^3/ s；

Q_0——输送冷量，kW；

ρ_1、ρ_2——蓄冷供回水温度对应下的密度，kg/m^3；

C_{ρ_1}、C_{ρ_2}——蓄冷供回水温度下的比热，kJ/kg·℃；

t_1、t_2——蓄冷共回水温度，℃。

蓄冷循环水泵的扬程在闭式蓄冷系统中，计算泵的扬程即是计算回路中的设备及管路压降的和，其计算公式为：

$$P = \Delta P_x + \Delta P_g + \Delta P_r \tag{6-4}$$

式中　ΔP_x——蓄冷装置压降，kP（一般在30～100 kP）；

ΔP_g——蓄冷回路管道压降，kP（一般可以按照每米管长0.06～0.15 kPa）；

ΔP_r——制冷机热交换器压降，kP（一般为50～100 kPa）。

3. 新风自然冷却技术

新风免费供冷（新风经济器，风侧经济器）是一种降低空调系统能耗的有效方法。该技术原理为：当室外空气的焓值（或温度）低于室内空气的焓值（或温度）时，可直接向建筑中引入室外空气用于冷却建筑内区。大型公共建筑，办公区域风系统一般采用风机盘管加新风形式。对大会议室、餐厅等区域一般采用全空气的形式。在过渡季节或者冬季可以直接利用新风向建筑进行供冷。对风机盘管加新风系统或者新风量保持不变的全空气系统，新风的供冷量仅取决于室外天气条件。其全年的运行模式如图6－2所示。对于变风量的空调系统，可以根据室外条件结合室内负荷情况，对风量进行调节，运行模式如图6－3所示。

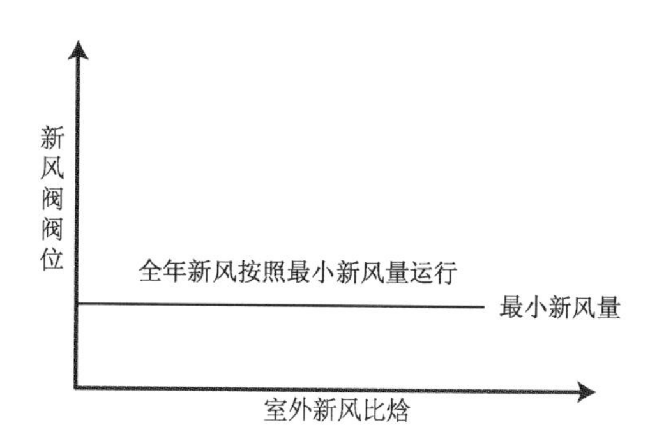

图6－2　新风机组运行模式

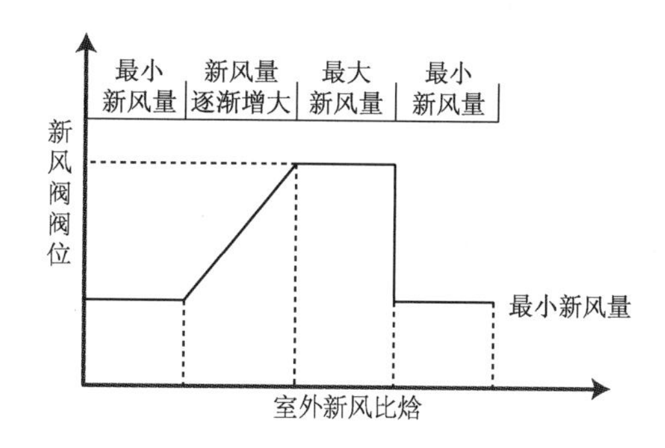

图6－3　变风量空调系统运行模式

4. 冷却塔免费供冷技术

（1）冷却塔免费供冷的原理和分类

冷却塔免费供冷是一种利用天然冷量向建筑提供冷量的技术。在冬季或者过渡季节，随着室外湿球温度的降低，冷却塔的温度也降低，当冷却塔的出水温度低于某个值时，可以关闭冷水机组，利用流经冷却塔的冷却水通过直接或者间接的方式向建筑提供冷量。按照冷却塔的冷却水是否直接进入空调末端系统，可以将冷却塔免费供冷系统分为直接供冷系统和间接供冷系统。

①冷却塔直接供冷系统。冷却塔直接供冷系统是指在原有的中央空调水系统中设置一根旁通管，将冷却水环路和冷冻水环路连接起来。并在该旁通管上设置三通换向阀，具体原理如图6－4所示。当室外湿球温度低于某个值可以进行冷却塔供冷时，调节该三通换

向阀,让冷却水直接进入空调末端。

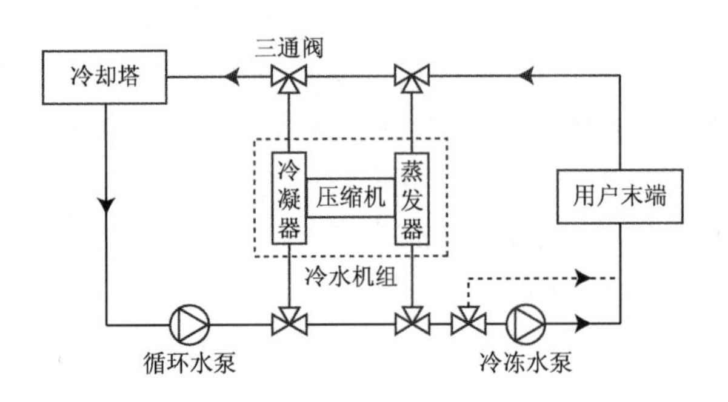

图 6-4 冷却塔直接供冷原理图

冷却塔直接供冷的优点是系统形式比较简单,在原有空调系统上改动不大,只需加一些管路阀门部件,投资小,便于施工。另外,冷却塔直接供冷系统将冷却水直接送入末端空调,没有中间的换热过程,减少了热量的损失。冷却塔直接供冷也存在一些问题,当空调系统采用开式冷却塔时,由于冷却水与外界直接接触,容易被污染。此时采用直接冷却塔免费供冷技术,污染物会随着冷却水直接进入空调循环水管路而进入空调末端,易造成管道堵塞,因此开式冷却塔直接供冷技术在实际应用中较少。采用闭式冷却塔可以将冷却水与室外环境隔离,从而保障空调水系统的卫生要求。但是闭式冷却塔的冷却依靠接触传热,相比较开始冷却塔传热效率较低,为了保障充分散热,闭式冷却塔需要配置大量的金属管(铝管或钢管),因此造价相对较高。

②冷却塔间接供冷系统。间接供冷系统常用的方式是在原来的空调系统上增加板式换热器,在冷却塔供冷时,关闭机组,冷却水通过板式换热器将冷量传给冷冻水系统,如图6-5所示。冷却塔采用板换的间接式供冷系统的优点在于保证了空调水系统的卫生条件,但改造前期需要增加管路和板式换热器,因为增加了板换等阻力构件,因此需要对水泵的扬程进行校核确定是否需要调整。

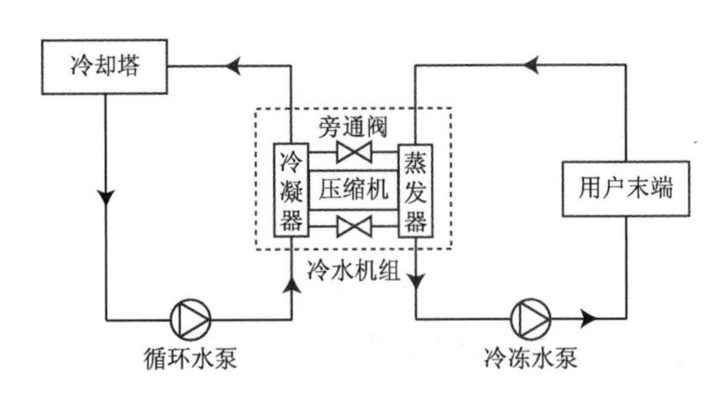

图 6-5 板式换热器冷却塔间接供冷原理图

(2)冷却塔供冷系统改造设计方法

冷却塔供冷空调的设计一般按照以下步骤:首先计算冷却水塔负担的冷负荷,根据夏季制冷系统形式及工程实际条件,确定系统形式。其次按照冷却塔的热工曲线确定关闭冷水机组的工况转换点,包括确定合适的冷却水供水温度、合理的运行温差,并校核此时原空调系统中的水泵能否满足改造后对水泵流量和扬程的要求。

5. 更换高效率的机组

根据《公共建筑节能改造技术规范》(JGJ 176—2009)对更换冷热源机组的相关规定,对更换后的机组的性能参数要求详见该规范附录A。

6. 可再生能源利用

可再生能源指的是可以再生的能源的总称,包括太阳能、地热能等。可再生能源具有节能、污染少、能量可再生等优点。在建筑的节能改造中可以有条件地利用地热能、太阳能等能源代替传统能源,起到节能降耗环保的作用。

(1)地源热泵技术

近几年,地源热泵空调系统在我国得到快速发展,有望成为21世纪采暖和制冷空调中的主角。根据地热能交换系统形式不同,地源热泵系统分为地埋管地源热泵系统、地下水地源热泵系统和地表水地源热泵系统。

①地埋管地源热泵空调系统。地埋管空调系统,一般由地埋管换热器、热泵机组和室内空调末端三部分组成。这种热泵通过埋于地下的热泵换热器与大地进行热量交换,是应用最为广泛的地源热泵形式,主要适用于冷热基本平衡的地区。地埋管换热器的形式,可以分为水平地埋管和垂直地埋管。大多数情况下采用垂直地埋管,减少占地面积。只有当建筑周围有足够多的可用空间,浅层岩土温度预热物理特性受天气,雨水,埋深等影响较小,或者地质构造受到限制的时候才考虑水平埋管。

②地下水地源热泵系统。地下水热泵利用地下水作为取热和放热源。主要分为将地下水直接送入机组的开式系统和用板换将地下水和空调循环水分开的闭式系统。对于地下水热泵的应用需要征得地方政府的许可,并且再利用时要做好回灌工作。

③地表水地源热泵系统。地表水地源热泵是利用建筑周围的江、河、湖、海等作为热泵系统冷热源的热泵系统。地表水换热系统分为开式和闭式两种。该热泵系统一般要求地表有较大的水容量且水源常年稳定,并且保证地表水温上升1 ℃不能少于240 h。

(2)太阳能光热利用

太阳能的利用主要包括光电和光热技术。目前应用较多的为太阳能光热技术,这种技术的投资成本、维护成本较低。

①太阳能热水系统的分类。根据运行方式,太阳能热水系统可以分为自然循环、直流式系统和强制循环。

a. 自然循环。自然循环是由温度差产生的密度差作为动力进行循环的热水系统,这种系统的优点是运行简单,投资少,设备维护费用低。缺点是储热水箱的高度必须高于集热器,水箱内的温度上升缓慢,不能分体安装以及筒内层存在冷水死水层等。该系统不适用于大型热水系统和建筑一体化。

b. 直流式系统。直流式系统指的是传热工质一次经过集热器就被加热至所需温度,进入储水箱或者进入用水处的非循环热水系统。为了使温度符合用户的需求,常采用定温放水的方法。在集热器的出口安装测温元件,通过温度控制器控制电动阀的开度,从而调节集热器的进出口水流量,使出口水温始终保持恒定。该系统运行的可靠性取决于电动阀和控制器的工作质量。优点是不需要设置水泵，与自然循环相比，储水箱可以放置在室内。缺点是要求有性能稳定可靠的控制器和电动阀。

c.强制循环系统。该系统需要利用机械设备等外部动力驱动传热工质通过集热器进行循环。这种系统的优点在于储水箱的位置可以自由放置，管道方便布置，对保温要求较低。缺点是需要水泵等动力设施。

②太阳能热水系统运行方式的选择。太阳能热水系统的运行方式可按照《太阳能热水系统设计、安装及工程验收技术规范》GB/T 18713—2002 要求进行选用，如表 6－1 所示。

表 6－1　太阳能热水系统运行方式选用

运行条件		运行方式		
		自然循环	直流式	强制循环
水压不稳		可用	不宜用 （温控器控制泵的方式下可用）	可用
供电不足		可用	不宜用 （在温控阀控制的方式下可用）	不宜用 （光电池控制直流泵下可用）
即时用热水		不宜用	可用	不宜用
集热器与储水箱的相对位置	集热器位置高	不宜用	可用	可用
	集热器位置低	可用	可用	可用
使用环境温度	高于 0 ℃	可用	可用	可用
	低于 0 ℃	采用防冻措施即可		

6.1.2　输配系统改造

6.1.2.1　变速调节

在暖通空调领域，变频调节技术可以应用的场合和设备包括大空间全空气空调系统的定风量空气处理机组、风机箱等；空调水系统的冷冻/冷却循环水泵、恒压水泵、热水泵等；各种用途的排风机、排油烟风机等；其他的变负载的场所。

1. 变频调节技术节能的原理

由水泵和风机的相似定律知，两种流体应满足几何相似、运动相似和动力相似，则水泵和风机的转速、流量、扬程和功率之间存在式（2－20）关系。

2. 变频调节的节能效果

图 6－6 为变频调节的运行原理图，风机的类似。额定工况下水泵的运行曲线为①，管网的特性曲线为②，此时工作状态点为 A，水泵功率正比于矩形面积 AQ_AH_AO。当水泵不是满负荷运行时，水泵通过变频调节技术流量减少，水泵的运行曲线为④，流量减少，管网压降降低，此时的特性曲线为③，此时的水泵功率正比于矩形面积 BQ_BH_BO，明显看出后者的面积低于前者。其节能量可通过式（6－5）计算。

$$\Delta P = P \times \left[1 - \left(\frac{n_1}{n_0}\right)^3\right] \tag{6-5}$$

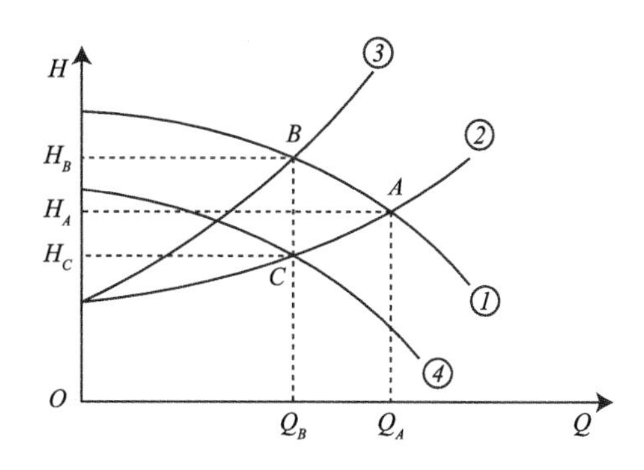

图6-6　变频调节泵运行原理图

式中：ΔP——节能量，W；

P——轴功率，W；

n_0——额定工况下的水泵转速，rpm；

n_1——水泵转速，rpm。

6.1.2.2　倒流器叶片调节

在离心式风机的入口，通常安装进口导流器，其作用是使气体在进入叶轮之前产生预旋。常见的导流器有轴向导流器和径向导流器。不同的导流器角度在管网中的工作点不同，如图6-7所示，A、B、C 分别是叶轮为0°、30°和60°时，风机在管网中的工作点。可以通过安装在风机外壳上的手柄进行调节，在不需要停机的情况下，实现风机的节能运行。

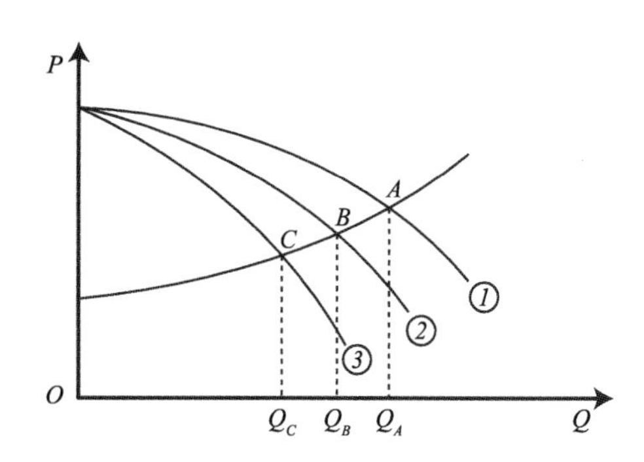

图6-7　改变进口导流器角度调节

6.1.2.3　切削叶轮

泵和风机的叶轮经过切割，外径改变，其性能随之改变。经过切割后的叶轮不符合原来的几何相似条件，由于切削量一般不大，可近似认为安装角度不变，满足运动相似条件。

对于低比转数的泵与风机，叶轮切削后的宽度变化不大，近似认为满足以下关系，也称为第一切削定律。

$$\frac{Q}{Q'}=\left(\frac{D}{D'}\right)^2\ \frac{H}{H'}=\left(\frac{D}{D'}\right)^2\ \frac{N}{N'}=\left(\frac{D}{D'}\right)^4 \tag{6-6}$$

式中：D——切削前的叶轮直径，m；

D'——切削后的叶轮直径,m;

Q——切削前的系统流量,m^3/h;

Q'——切削后的系统流量,m^3/h;

H——切削前的系统压头,m;

H'——切削后的系统压头,m;

N——切削前的功率,W;

N'——切削后的功率,W。

对中高比转数的泵与风机,经过切削后,认为出口面积保持不变,则满足以下关系:

$$\frac{Q}{Q'}=\frac{D}{D'}\frac{H}{H'}=\left(\frac{D}{D'}\right)^2\ \frac{N}{N'}=\left(\frac{D}{D'}\right)^3 \tag{6-7}$$

切削叶轮后的运行工况点如图6-8所示。图中在叶片的直径为D时,泵或风机的性能曲线为Ⅰ,Ⅱ为管网的特性曲线,交点A为此时的运行工况点。经过切削后,叶轮直径为D',此时泵与风机的性能曲线为Ⅲ。如果欲将工况点调整至运行状态点B。

对于低比转数的泵或风机,满足第一切削定律,即满足:

$$\frac{Q}{Q'}=\left(\frac{D}{D'}\right)^2=\frac{H}{H'} \tag{6-8}$$

$$H=\left(\frac{H'}{Q'}\right)Q \tag{6-9}$$

得到的切削曲线是一条直线Ⅳ,如图6-8所示。

对于中高比转数的泵或风机:

$$\frac{H}{H'}=\left(\frac{D}{D'}\right)^2=\frac{Q}{Q'} \tag{6-10}$$

$$H=\left(\frac{H'}{Q'}\right)Q^2 \tag{6-11}$$

得到的切削曲线是一条二次抛物线Ⅴ,如图6-8所示。

需要注意的是切削叶轮的方式,切削量不宜过大,否则效率明显下降。水泵的切削量与比转数有关。

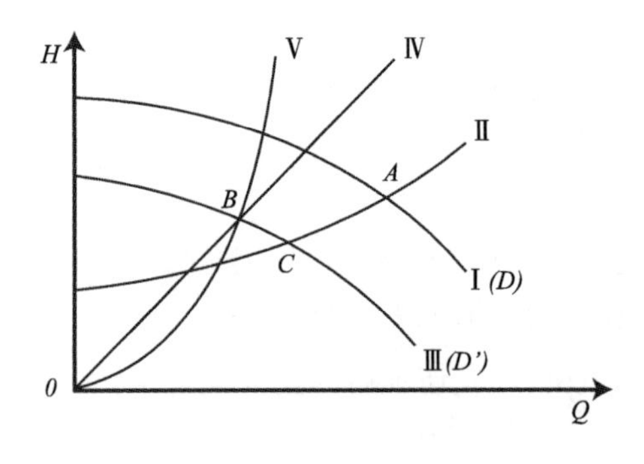

图6-8　切削叶轮调节

6.1.2.4　管网水力平衡

根据《公共建筑节能改造技术规程》(JGJ 176—2009)规定:当冷水系统各主支管路回水温度最大差值大于2 ℃,热水系统各主支管路回水温度最大差值大于4 ℃时,宜进行相应的水力平衡改造。

1. 水力失衡的原因和分类

对暖通空调系统,在运行过程中由于某些用户的制冷或者制热的需求改变而使整个系统管路中流量的分配与用户需求不匹配,造成用户冷热量不符的现象称为水力失调。另外水系统本身受到末端设备阻力、支管直径导致水系统近端压力增大等均会导致水力失调现象。水力失调可以分为两大类:一类是静态水力失调,这类水力失调主要由于系统管道的特性阻力系数偏离设计要求管道特性阻力系数而造成的,这是空调系统自带的、稳态的、根本性的失调现象;另一类是在暖通空调运行中,由于部分用户的变化和调整,使得实际流量偏离设计流量,这种水力失调称为动态水力失调。

2. 水力平衡的改造

解决水力失调的问题根本在于系统流量的分配不均匀。目前,最常用的解决措施是阀门调节的方法和在水路中增设平衡装置,如水力平衡阀。阀门调节具有一定的作用,但不能从根本上解决水力失调问题。实际中,常用的方法是在关键部位设置水力平衡装置。

3. 平衡阀的分类及特点

平衡阀可以分为静态平衡阀(数字锁定平衡阀)和动态平衡阀(自力式压差控制阀、自力式流量控制阀)。

(1)数字锁定平衡阀

数字锁定平衡阀的作用对象是系统阻力,将水量按照设计计算的比例进行分配,各支路同时按比例增减,仍然满足当前气候需要下的部分负荷流量需求,起到热平衡的作用,但是当系统中压差发生变化时,不能随系统变化而改变阻力系数,需重新进行手动调节。

(2)自力式压差控制阀

控制的对象是系统的压差,利用阀芯的压降变化来弥补管路阻力的变化,使在工况发生变化时保持压差基本不变,它的原理是在一定的流量范围内,可以有效地控制被控系统的压差恒定。自力式压差控制阀从结构上分为供水和回水,分别安装在供水和回水管道上,主要用于集中供热、中央空调等水系统中,利于系统各用户和各末端装置的自主调节,尤其适用于分户计量的供暖系统和变流量空调系统中。

(3)自力式流量控制阀

自力式流量控制阀也称为定流量阀。随着系统压差的变动而自动变化阻力系数,在一定的压差范围内能保证流量是一个常值。它可以根据用户的需求直接设计流量,通过阀门消除剩余压头对系统流量的影响,但是不支持系统内部的自主调节。主要应用于集中供热、中央空调等水系统中,并且可以根据工程需要安装在供回水管路上。

(4)平衡阀的选型安装位置

平衡阀的选型分为图选法和表选法两种,现在也有很多的专用平衡阀选型软件,用户只需要根据负荷计算出流量,结合管径就可以选出合适的阀门型号。

原则上,只要在管网中需要保证设计流量的环路中都应该安装平衡阀,每一个环路中一个平衡阀可以代替一个截止阀或者闸阀。常用于规模较大的供暖或者空调系统中。可以安装在建筑供暖和空调系统入口,干管分支或立管上。在供热系统中热力入口加静态平衡法,实现不同环路之间的水力平衡,它相当于一个改变局部阻力的节流孔板,该阀门在水系统上游和下游都安装测压小孔,通过调压仪准确调节流量满足用户需求;在热力入口安装自力式压差控制阀,依靠流体流动具有压力的特性,当用户需求发生变化时,该阀门通过反馈的压力自动调节阀门开度,而保持其他热用户的压差基本保持不变。自力式流量控制阀适用于采暖系统定流量系统且室内没有进行计量改造的系统,该阀门可以吸收用户侧的流量变化引起的压力波动,保持热力入口流量恒定。

6.1.2.5 管道保温

在管道上设置保温层是为了降低冷热量的损失,减少输配过程的能量浪费,起到节能作用的一种措施。管道保温用于供热管道上,阻止热量的浪费,降低能耗。对空调冷冻水管路设置保温层,减少冷量消耗,如果保温层设置过薄,不仅不能起到减低能耗的效果,而且还会引起水管凝结水,造成环境卫生等问题。对空调风管,保温性能不理想主要表现为送风温度偏高,室内温度降低缓慢,风管表面结露,滴水现象。

1. 管道厚度的确定原则

冷管道和设备的保温层厚度要考虑防结露和经济性两个方面;热管道保温层厚度的确定除了经济性之外,更要考虑穿过室内管道的外表面温度不影响房间的室内参数并且需要满足防火要求;当对冷热媒的温升与温降有严格要求时,还应校核其是否满足要求。

2. 保温层厚度的计算方法

暖通空调常用的保温层计算方法有三个:经济厚度法、防结露法、冷(热)损失法,保温层的具体计算方法详见《设备及管道绝热设计导则》(GB/T 8175—2008)。

6.1.3 热回收技术

6.1.3.1 排风热回收

1. 排风热回收工作原理以及分类

排风热回收主要是对排风中的能量进行回收,对新风进行预冷或者预热,减少冷热源能量消耗,从而降低新风负荷。根据回收能量不同,可以分为显热回收和潜热回收。

2. 热回收常用的装置及其优缺点

进行热回收系统设计时,应根据当地的气候条件、使用环境等选用合适的热回收装置,常见的热回收装置有转轮式热回收、板翅式热回收、热管式热回收等,常见热回收装置的比较如表 6-2 所示。

表6-2 常见热回收装置比较

热回收装置	优点	缺点
转轮式热回收	能同时回收潜热和显热,回收效率一般在60%以上;在新风和排风的逆向交替过程中具有一定的自净作用,并且能够通过转速控制来适应不同的室内外参数	体积大,配管的灵活性差,压力损失较大,需要设置传动装置,以及无法完全避免交叉污染现象
板翅式热回收	回收结构简单,传热效率高,经济性好	换热效率低于转轮式热回收,设备的体积大、压力损失大
热管式热回收	结构紧凑,单位面积传热面积大,不需要传动设备,因此不需要电力消耗,不易堵塞,便于更换,使用寿命长	只能回收潜热并且配管的灵活性差

6.1.3.2 冷凝热回收

冷凝热回收技术在我国具有良好的可行性,一是冷凝热回收的节能效果与气象条件、建筑特点以及使用功能等有很大关系,我国国土面积大,地域跨度大,研究发现冷凝热回收技术在我国大部分地区有良好的适用性。二是空调的广泛应用成为冷凝热回收推广的基础。三是目前冷凝热回收的技术比较成熟。

1.冷凝热回收的分类

根据冷凝热回收的方式不同,可以分为直接式冷凝热回收和间接式冷凝热回收。

(1)直接式冷凝热回收

直接式冷凝热回收,是通过制冷剂与热媒直接进行热量交换,利用制冷剂的冷凝热来提高热媒的温度。按照热回收量可以将冷凝热回收进一步分为部分冷凝热回收和全部冷凝热回收。

①部分冷凝热回收。部分冷凝热回收可以分为显热回收和显热加部分潜热回收两种方式。部分冷凝热回收是通过在制冷机组的压缩机与冷凝器之间串联或并联热回收器来回收制冷剂释放的冷凝热。由于回收的能量为显热或者显热加部分潜热,这种方式的换热方式存在较大的温差,水温度较高时,机组性能提高,但是这种热回收方式的热量较少,尤其是在部分潜热回收中,潜热回收量不宜过大,否则造成系统低压,运行不稳定,因此这种热回收只适用于热水负荷较少的场所,如图6-9所示。

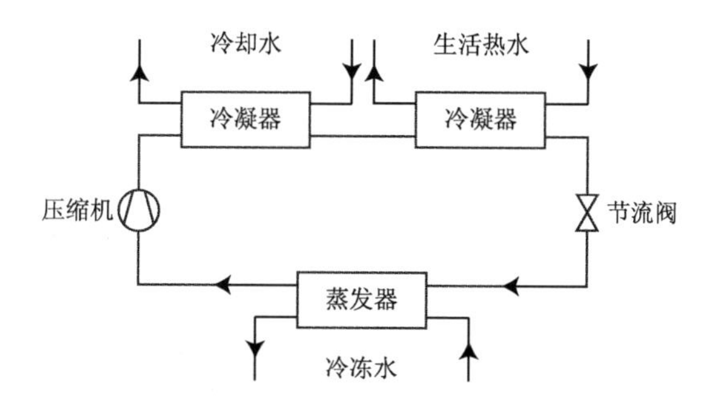

图6-9 部分冷凝热回收原理图

②全热回收。全热回收是通过热回收器或其他设备将冷凝热量进行全部回收。通常采用的做法是在压缩机与冷凝器之间串联一个与冷凝器工作效率相同的热回收器，或将热回收器与冷凝器结合成一体，实现冷凝全热回收。全热回收的回收热量大，获得的生活热水的温度较低，对机组的稳定性有一定的影响，如图6－10所示。

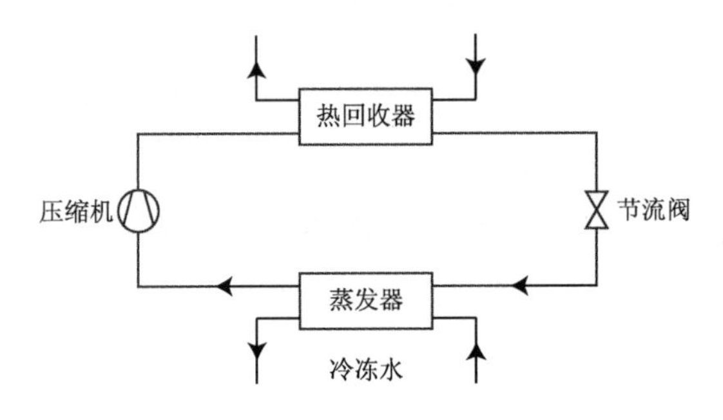

图6－10　全部热回收原理图

(2)间接冷凝式热回收

间接冷凝式热回收是指利用冷凝器侧排出的空气或冷却水作为低温热源，通过换热器或者热泵等设备来间接加热生活热水的一种方式。间接换热通常采用板式换热器和热泵来实现。

①板式换热器间接热回收。板式换热器间接热回收的工作原理是：从冷凝器出来的冷却水一部分进入冷却塔进行散热，一部分通过板式换热器，与生活热水进行热量交换。如果通过板换的冷凝换热量加热的生活热水的温度还不能满足要求，需要通过辅助加热至所需温度，供给生活热水，如图6－11所示。

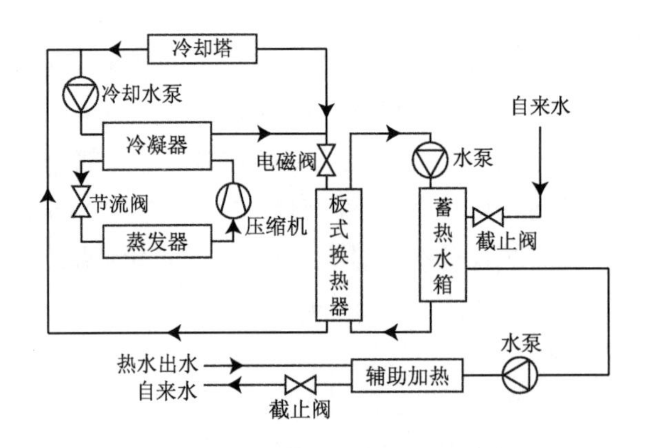

图6－11　板式间接热回收原理图

②热泵式间接热回收。热泵式间接热回收的工作原理是：从冷凝器出来的冷却水一部分经过冷却塔，降温后进入冷凝器中，另一部分进入热泵机组的蒸发器中，热泵机组制冷剂吸收部分热量后，再回到冷凝器中。热泵机组中，蒸发器吸热后，通过制冷剂将热量转移至冷凝器，冷凝器释放的热量再与生活热水进行热量交换，如图6－12所示。

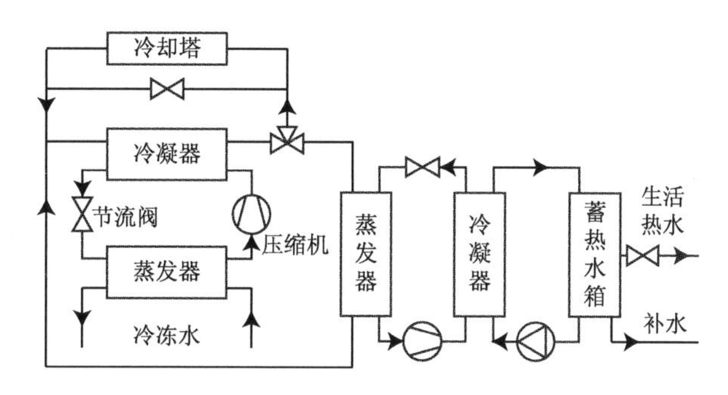

图6－12　热泵式间接热回收原理图

6.1.3.3　锅炉烟气余热回收

《公共建筑节能改造技术规程》(JGJ 176—2009)中明确指出:燃气锅炉和燃油锅炉宜增设烟气热回收装置。

1. 烟气余热回收技术

目前,我国典型的烟气余热回收技术可以分为两类:一是利用换热器回收烟气余热技术;二是利用热泵回收烟气余热技术。

(1)利用换热器回收烟气余热技术

换热器是烟气余热回收技术中常用的形式。根据换热方式的不同,利用换热器回收烟气余热可以分为间接接触式换热型和直接接触式换热型。

直接接触式换热器是指两种介质通过直接接触的形式完成传热传质的过程,其根据直接接触时结构的形式,又可以分为多孔板鼓泡型、折流盘型和填料型。

间接接触式换热器是指冷热介质通过壁面分割成两个独立的空间,通过壁面进行热交换。常用于烟气余热回收的间接式换热器有翅片管换热器、热管换热器和板式换热器。板式换热器具有传热效率高、结构紧凑、结垢少等优点,但是由翅片组合成的槽结构使得板式换热器的耐磨防污性能差。热管式换热器是利用热管中工质的蒸发和冷凝相变过程完成热量的传递。其具有结构简单、体积小、无运动部件等优点。板式换热器通过传热板片隔开高温烟气和冷水,通过板片进行换热。

(2)利用热泵回收烟气余热回收技术

若回收烟气中冷凝余热,需要供回水温度低于烟气露点温度范围。如果供回水温度高于烟气露点温度,则可以利用热泵回收烟气中的冷凝余热预热供热回水。根据热泵的形式又可以分为电压缩式热泵或吸收式热泵。目前常用的热泵形式是吸收式热泵,因为驱动热源可以用锅炉提供的蒸汽或者热水,但是吸收式热泵的投资成本较高且占用空间大。

2. 烟气余热回收技术的应用

(1)烟气余热回收装置

国内外已经出现了较多的烟气余热利用装置,如热管式、热媒式、吹灰式、回转式等。应用最广泛地是热管式和热媒式。热媒式的应用目前比热管式更广泛,但是其因为同时运转的设备相对较多,工艺复杂,维护费用较高。热管式换热器的优点在于高效的换热性能,成本低,应用前景广阔。

(2)双级余热回收

双级余热回收主要有两个环节组成,一是通过利用节能器对流换热回收高温烟气的余热;二是利用冷凝器警醒对流和冷凝换热,把回水(进水)加热后送入本体,即是利用节能器回收高温烟气的余热,用冷凝器回收低温烟气的余热。为了保障整个生产过程的安全稳定性,需要在节能器和冷凝器之间安装温度计。这是由于节能器换热后水侧的温度较高,因此又增加了放气阀和压力表管座。

6.2 照明及其他设备改造

6.2.1 改造原则

根据《公共建筑节能改造技术规程》(JGJ 176—2009)规定照明及电气改造的相关原则。

①当公共建筑的照明功率密度超过现行国家标准《建筑照明设计标准》GB 50034—2013 规定的限制时,宜进行相应的改造。

②当公共建筑公共区域的照明未合理设置自动控制时,宜进行相应的改造。

③对于未合理分区利用自然光的照明系统,宜进行相应的改造。

④当变压器平均负载率长期低于 20% 且今后不再增加用电负荷时,宜对变压器进行改造。

6.2.2 照明系统改造

1. 优选高效的电光源

高效的光源是节能的首要因素。目前高效的光源有细管荧光灯(T5 系列)、紧凑型荧光灯、高强度气体放电灯、LED 等。普通的荧光灯的光电转换率比白炽灯高 2 ~ 3 倍,使用寿命为白炽灯的 4 倍,光线柔、舒适及显色性好,适用于办公室内安装。LED 灯是一种冷光源、无灯影、无辐射、低热量的灯具,并且其发光效率是普通白炽灯的 10 倍之多,比白炽灯节能 90% 左右,比荧光灯节能 50% 左右,使用寿命大约在 50 000 h,这种灯具的售价相对较高,但统筹考虑后期的节电成本,具有良好的应用前景。

2. 合理的照明分区和照明控制策略

照明应该充分考虑自然光的影响和实际运行情况进行合理的照明分区。在合理分区的基础上,合适的照明控制系统是照明节能优化的重要举措。现代建筑中常用的智能照明控制方式有开关控制、调光控制。

(1)开关控制

目前市场上最常见的开关控制为红外感应开关控制和微波感应开关控制。红外开关具有超低功率设计,可以串联在灯具照明回路中,单极性控制节能灯;起控照度可调节;延时性调节且调节范围20 s至6 min等特点。微波感应开关具有在控制范围内,人来灯亮人走灯灭,自动识别白天和黑夜的智能感应;智能延迟以及根据光的强度控制点光源亮度的光敏控制等特点。微波感应开关的工作方式是:在感应开关接通后,在延时时间段内,如果有人员活动,开关将持续接通,直到人员离开并顺延时间,保证人不在感应范围内无光的情况。

(2)调光控制

调光控制,主要针对智能控制系统。在灯具末端添加光敏电子元件,对现场照度进行信息采集,反馈到上位机,对数据进行分析,进行照度调整。

大型公共建筑的照明系统主要包括办公室照明公共区域照明和装饰性照明三部分。在办公室照明中,应该采用定时控制和照度控制相结合的方式,即根据房间的大小和灯具的配置情况,把房间照明配电按照窗户平行方向改造为多组,在上班时间根据照度自动调整不同组别的灯开启和关闭。在下班时间和假期等非工作时间则需要通过定时控制直接关闭电源。对非公共区域的照明控制,要采用定时控制、照度控制和红外声控制结合的方式。通过这种方式,将公共区域的照明分成普通照明和特殊照明两种类型。两种照明方式都应该具备在工作时间根据照度自动开关,非工作时间自动关闭的功能。对公共区域的特殊照明,要保证光源均匀分布在照明区域内,同时能够利用红外声光延时开关进行控制,保证必要的照明。

(3)自然光利用及结合蓄能或可再生技术

通过天然光导入系统技术将天然光引入室内进行照明,充分利用自然光照明,减少人工照明的开启时间。可以采用太阳能光电技术、光源与蓄电池的有效组合,使夜间照明用电利用白天太阳能光能转化的电能,此时要根据不同的气象条件,选择合适的蓄电池。

6.2.3　其他用电设备的改造

1. 电梯节能

①改进机械传动和电力拖动系统,采用行星齿轮减速器替代蜗轮蜗杆减速器,以及采用变频调压调速拖动系统;

②利用电能回馈器将制动电能再生利用;

③优化电梯轿厢照明系统;

④采用先进的电梯控制技术,办公建筑运行一般上下班出现最大客流量,采用智能电梯群控技术制定“上行高峰”“下行高峰”“常规运行”等几种模式,同时将电梯的实际运行信息反馈至控制室,实现满载提示、即时位置预报、故障备份等功能。

2. 节能插座

通过设置在主控孔上电器的开机/关机状态,自动实现开启和关闭其他受控孔的电源插座,减少电器的待机时间,降低能耗。

第7章　既有大型公共建筑用能系统全过程高效运营管理方法

我国的大型公共建筑是指单位建筑面积能耗较高的建筑物,其节能潜力巨大。目前大型公共建筑中普遍存在“重建设轻管理、重使用轻维护、重改造轻运行”等问题。大多数大型公共建筑期望通过应用更高效的节能技术或更换节能设备,如对暖通空调系统、围护结构、照明技术、变频设备等改造实现节能,但是却忽略了建筑在实际运营阶段的管理节能,因此我国在这一方面节能潜力巨大。通过运用科学的运营管理方法达到降低建筑运行能耗的目的,是一种低成本最有效的节能手段。

有文章指出:在不调整公共建筑用能系统的情况下,通过一定的管理手段保证系统在不同室内外环境下高效运行,同样可以减少大型公共建筑的运行能耗,实践证明,运营管理节能的节能效率通常占节能量的10%~15%。因此,本章将介绍大型公共建筑用能系统在实际运营阶段的管理节能。

大型公共建筑用能系统复杂,设备众多,其节能管理也相对复杂,其中建筑运营的主管单位或主管部门的管理节能水平和建筑使用者的节能意识对建筑运行能耗的影响较为突出。在建筑运营阶段,主管单位或主管部门是主要负责人,其对用能系统的管理水平直接影响建筑运行能耗。建筑使用者的存在是建筑运行能耗产生的主要原因,提高使用者的节能意识同样至关重要。

7.1　大型公共建筑节能运营管理

7.1.1　大型公共建筑节能管理现状

我国在建筑管理节能方面起步较晚,但发展速度还不算太慢,目前已经形成了一套法律体系。我国的建筑管理节能一般分为宏观层面和微观层面。宏观层面主要是指相关政策和法律法规的制定,在我国目前的国情下,宏观层面由政府主导。另外,政府会根据当前国情提出降低建筑能耗的总体方针,如开展能源审计,推行分项计量,推进能效公示等。必须说明的是,政府给出的只是政策要求,并不涉及具体实施手段,真正管理节能的实现要靠微观层面的运营管理。

微观层面主要是指主管单位或主管部门的日常运营和建筑使用者行为节能的管理。相对宏观层面而言,微观层面的管理更具体,节能潜力更巨大。但目前存在主管单位或部门的管理人员从业门槛低,建筑运营管理水平不够,建筑使用者节能意识不强等问题。

7.1.2 大型公共建筑节能管理策略

本节重点介绍大型公共建筑在运营过程中的管理节能策略,主要包括主管单位或部门以及建筑使用者的运营管理节能策略。

1. 主管单位或主管部门

我国主管单位或主管部门对大型公共建筑的服务和管理工作经历了从无到有,从社会化到企业化的发展过程。主管单位或主管部门作为建筑运营的管理者,其常见的主要机构设置情况如图7-1所示。

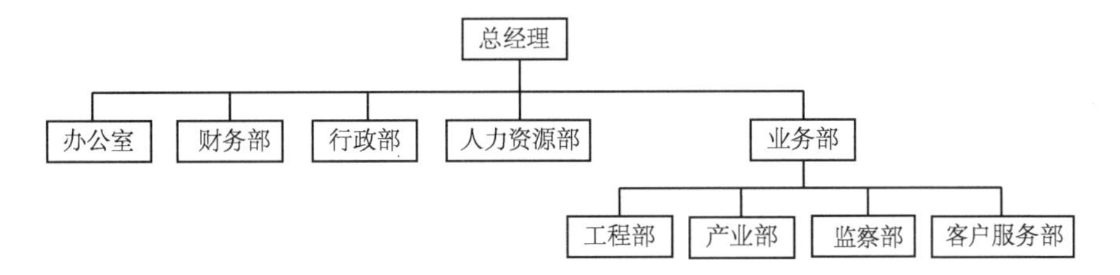

图7-1　主管单位或主管部门常见组织机构设置情况

总经理是主管单位或主管部门的领导和决策者;办公室是公司的综合管理部门,主要负责公司内部日常事务;财务部主要负责公司的日常财务核算,资金运转;行政部负责全公司日常行政事务的管理;人力资源部负责管理公司人事相关工作;业务部主要负责公司的总体运作,一般包括以下部门:工程部、产业部、监察部、客户服务部等。工程部主要负责设备的运行管理及维修;监察部的主要职能是检查、督促各部门遵纪守法,处理业主、建筑使用者和内部职工对各部门的投诉;产业部的主要职能是资料管理和保管;客户服务部主要负责处理业主和建筑使用者的投诉以及提供售后服务。

主管单位或主管部门作为大型公共建筑用能系统的管理者,通过降低设备损坏率、延长系统使用寿命、降低维修保养成本、提高工作效率等,便可以达到降低建筑运行能耗,节约能源的效果。因此,强化主管单位或主管部门的技术水平和管理人员的管理能力极为重要,但目前主管单位或部门的员工大多数还未达到要求,公司可从以下几方面进行改进。

①建立和完善各项节能管理措施与规章制度,比如能源综合管理制度、能源管理岗位职责制度,能源定额管理制度等。在各项制度中明确写出考核体系,总体实施"上级抓下级,同级互相监督"的考核机制,使节能工作有序健康进行。

②建议公司设立专门的能源管理机构或成立节能小组,并安排能源管理岗位负责人,负责人在任命或招聘时应要求学历、相关从业经验、能源类职称,身体健康等硬性条件。另外,管理负责人也要定期接受相关培训并及时备案。

③要求主管服务人员技术过关,掌握实用的节能改造技术,在管理中主动排查高能耗的设备,分析问题,给出改造方案设计建议。比如建议建筑中多利用感应设备,减少照明系统不必要的开启时间和照明强度;多利用能量回收装置等。

④要求主管服务人员对建筑内的所有设备有运行、调节和维修的能力,能够根据不同

的目标调控系统的运行状态和设备的工作状态。在日常管理中做好设备的保养工作,通过科学地调整运行参数延长设备使用寿命,提高能源效率。

⑤定期举行员工节能知识相关培训。宣讲会、讲座等形式协同举办,要求全员参加,使每个人都能了解最新的节能技术,同时学习行为节能知识,树立正确的节能理念,提高节能意识。

⑥建立员工节能工作的奖励机制。制定相关制度和考核管理体系,明确奖惩措施,规定最低指标,多奖少罚。定期对员工的节能业绩与绩效进行考核,调动员工的节能自觉性和积极性。

⑦实行能耗分项计量。分项计量可把不同系统的能耗分开管理,从而把责任落实到具体小组或个人,有利于管理工作的开展。鉴于上述情况,建议公司先完善能源计量和统计管理部门,专门负责能耗数据的收集和统计工作,可以运用传统抄表模式或运用智能楼宇控制软件。

⑧做好宣传服务工作,提高建筑使用者的节能意识。主管单位或主管部门应多开展丰富多彩的节能宣传活动,采取讲座、交流会、公众号推送,主题活动等多种形式,提高建筑使用者的节能意识,强化行为节能习惯。让各公司领导了解节能的重要性,建议建筑内各公司内部成立节能小组,定期组织学习交流,如果需要进行培训可由主管服务人员进行讲解。建议各公司制定节能考核制度,定期对员工的节能行为进行评比,调动建筑使用者的主动性和积极性。

⑨有实力的主管单位或主管部门可以在项目开发建设阶段进入现场,在系统设计、施工、设备选型等方面提出节能的合理化建议。在项目的调试验收阶段可以对员工进行培训,同时这也是让员工了解建筑系统的好机会,员工应将每个设备情况记录入档,对存在的问题及时改进,为之后的运营管理打下良好的基础。

2. 建筑使用者

大型公共建筑使用者的行为节能是降低能耗最直接,最有效,且不用任何成本的方法。除了被动接收主管单位或主管部门的宣传,各企业也应该积极响应国家号召,主动培养公司员工的节能意识,具体可以从以下几方面入手。

①企业内部制定节能制度。最好成立节能小组,对每位员工的节能情况进行监督,使节能工作健康可持续地发展。

②制定奖励制度。定期对员工节能量进行考核,增强员工的积极性。

③积极开展节能知识宣传和培训工作。可与主管单位或主管部门合作,不断提高使用者的节能意识和行为节能水平。

④合理采用节能技术。公司在装修时可与主管单位或部门积极沟通,多采用节能技术,也为以后公司节水、节电打下基础。比如走廊照明采用感应控制和照度控制,办公区域的照明安装自控系统,减少不必要的亮灯情况等。

⑤不断强化建筑使用者的行为节能意识。所有用电设备,做到按需启停,下班关闭。夏季空调房间温度设置宜26 ℃及以上,冬季18 ℃及以上。

⑥实行能耗的分户/分室计量。对于有条件的企业可以采用这种方式,对于能耗较高

的部门实行处罚,能耗较低的部门实行奖励。

7.2　质量管理

7.2.1　质量与管理

运营管理是一门管理科学,一般定义为对生产过程和生产系统的管理。对于既有大型公共建筑来说,运营管理是对建筑中提供服务的职能部门进行的管理,其目标是尽量高效、低耗、灵活、低成本地提供令客户满意的服务,运营管理中最为核心的即质量管理。

1. 质量的定义

在管理学相关书籍中,不同的作者赋予了质量不同的定义。ISO 90000 标准将质量定义为一组固有特性满足要求的程度。更加详细的定义描述为产品或服务满足或超过顾客期望的程度。对于大型制造业企业,顾客和企业往往关注产品质量,而对于服务行业,人们关注的则为服务质量。

2. 质量管理的定义

质量管理是指在质量方面指挥和控制组织协调的活动。根据其内容或实现步骤可解释为:企业制定质量方针和目标,为了实现而实施质量策划、质量控制、质量保证、质量改进等活动的过程即为质量管理。

3. 质量管理的发展

质量管理发展至今共经历了三个阶段:质量检验阶段、统计质量管理阶段和全面质量管理阶段(Total Quality Management, TQM)。质量检验阶段顾名思义是在工作完成后进行检查把关,属于防守型质量管理;统计质量管理阶段主要是在生产或服务进行的过程中实施控制,属于预防型质量管理;全面质量管理是目前仍在各公司沿用的一种管理方式,保留了前两个阶段的长处,把满足客户的需求作为目标,要求企业所有员工都关注产品或服务质量,是生产或经营全过程的管理。

7.2.2　全面质量管理方法

1. PDCA 循环法

(1)定义

PDCA 循环最早由世界著名的美国质量管理学家戴明提出,因此也被称为“戴明环”。PDCA 循环可以用于任何一项管理活动中,是一种提高产品或服务质量的基本方法。

PDCA 循环是指按照 P—D—C—A 的顺序进行管理活动的方法。这一循环主要包括四个阶段:P(Plan)表示计划,D(Do)表示实施,C(Check)表示检查,A(Action/Adjust)表示处理/调整,其循环原理如图 7-2 所示。四个阶段展开后的具体实施分为八个步骤。

①计划阶段(Plan)。

通过计划来确定质量管理的方针及目标,以及实现该方针和目标的计划和措施。计划阶段包括以下四个步骤。

第一步:收集数据、分析现状,找出存在的质量问题并以书面形式进行记录,呈现。

第二步:分析数据,找出并分析产生质量问题的原因和影响因素。

第三步:缩小范围,找出主要原因和影响因素。

第四步:制订改善质量的计划和措施,描述预期目标并记录,并确定如何对实施效果进行评价。

②实施阶段(Do)。

第五步:执行计划或措施。同时要记录在这一阶段发生的变化,尽量全面地收集数据,为检查阶段做准备。

③检查阶段(Check)。

第六步:检查计划或措施的执行效果。利用收集到的数据,通过自检、互检、专职人员检查等方式,检查计划或措施的实施效果是否符合计划阶段的预期目标。

④处理/调整阶段(Action/Adjust)。

第七步:总结。检查实施计划或措施后原有质量问题是否得到改善,以及在新计划或措施的实施过程中是否存在新的问题。对已经改善问题的方法加以肯定,总结成文,进行标准化,并在以后的工作中贯彻落实该方法。

第八步:提出尚未解决的问题。通过检查,统计未解决的质量问题,这些问题反映出提出的方法或措施不合适。应把这些问题列为遗留问题,重新修改计划或措施,待下一循环中解决。

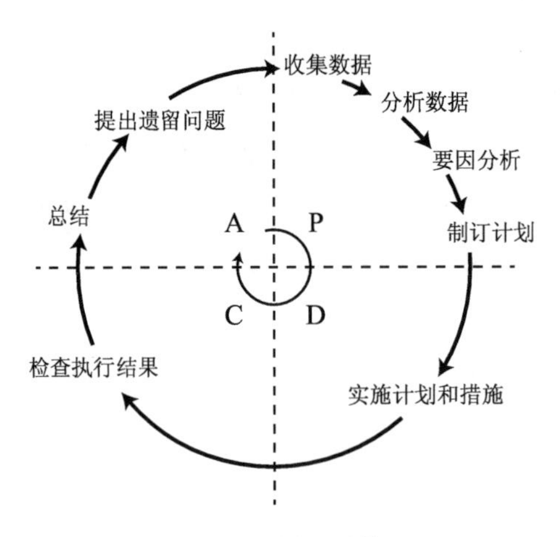

图 7-2 PDCA 循环具体原理图

(2)特点

PDCA 循环方法通过将管理过程抽象为四个阶段,层层深入、循环往复地实现逐步提高顾客满意度,提升生产或服务质量的目标,与大型公共建筑质量管理的要求不谋而合。为了更好地了解和应用 PDCA 循环方法,我们首先了解一下该方法的特点。

①周而复始。PDCA循环是一个完整的循环模式，首先要保证工作环节完整。完整的PDCA循环是循环往复、周而复始的，仿佛是一个车轮一直在转动，如图7－3所示。一个循环结束后可能只解决了部分问题，或者又伴随着新问题的产生，那么便要继续进行下一个循环，随时处理待解决的问题，为不断提高质量水平而不停地进行下去。

②大环套小环。PDCA循环有着一环扣一环，小循环推动大循环的特点。针对企业组织来说，整个组织的工作流程是一个统筹全局的大循环，而各个部门及各个小组有自己的小循环，最终将计划落实到个人身上。做好小循环的工作可以适当促进大循环的进行。

③阶梯式上升。PDCA循环每循环一次便会解决一部分问题，取得一部分成果，水平便上升到新的高度，如图7－3所示。但同时也可能会出现新的问题，所有遗留问题留待下一循环解决。就这样，不断解决问题和发现新问题便会使水平呈现出逐步上升的台阶模式。

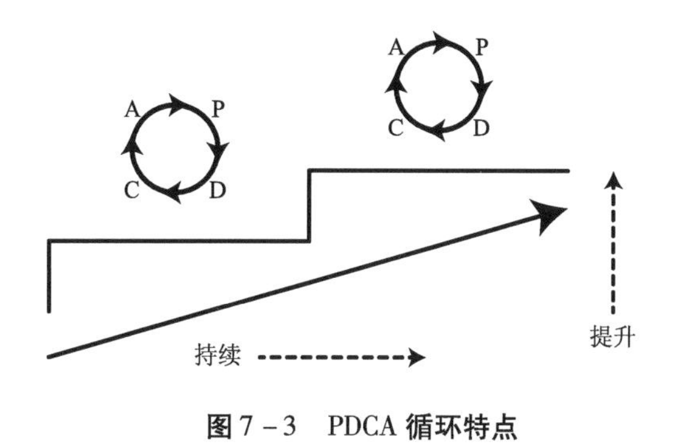

图7－3　PDCA循环特点

2. 其他方法

这里的方法也即质量管理的工具，利用工具有助于快速有效地收集和分析数据。本节主要介绍七种常见的质量管理基本工具。

(1)流程图

流程图是对一个流程的直观描述，如图7－4所示，其主要目的是分析及确定问题产生的原因，使工作更加高效。

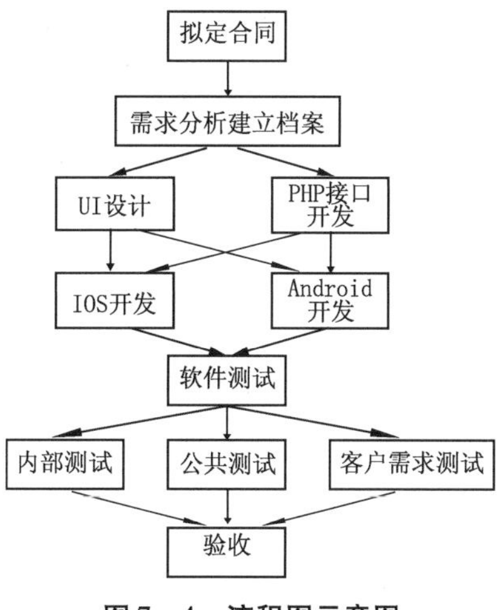

图7－4　流程图示意图

(2)控制图

控制图可被用来检验某一项工作的实施情况,以判断其对质量分布的影响是否是随机的、产品或服务过程是否处于受控状态;若按照时间顺序画出时间轴,还可以确定某一问题发生的时间,如图7－5所示。

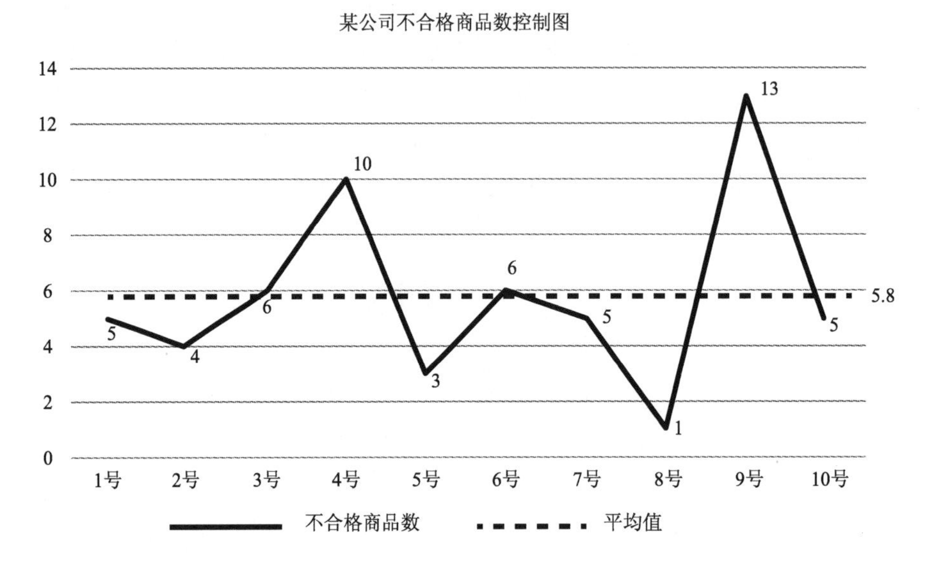

图7－5　控制图示意图

(3)直方图

直方图可有效了解观测值(产品或服务质量)的分布,如图7－6所示。

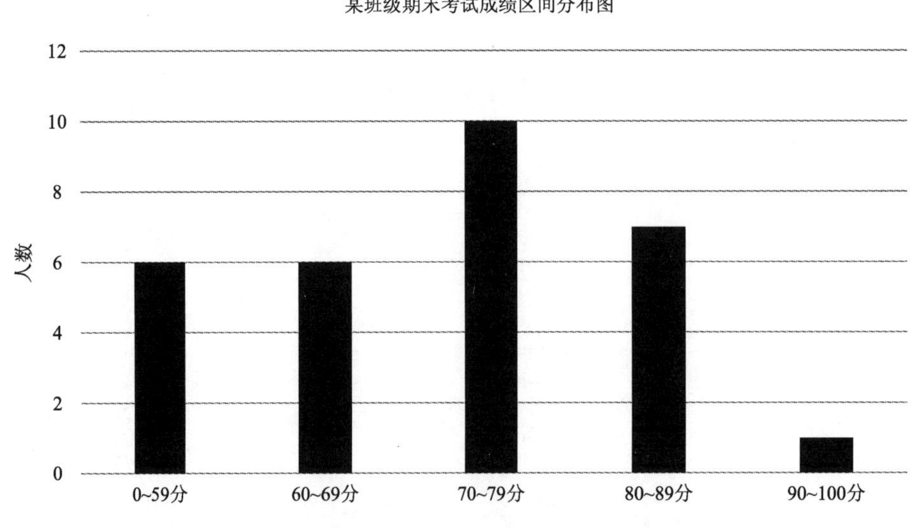

图7－6　直方图示意图

(4)散点图

散点图可用来判别两个变量之间的相关性,有关联的变量可使分析问题产生的影响因素考虑得更加全面,如图7-7所示。两个变量间的相关性越高,图中的点越集中于一条直线附近。

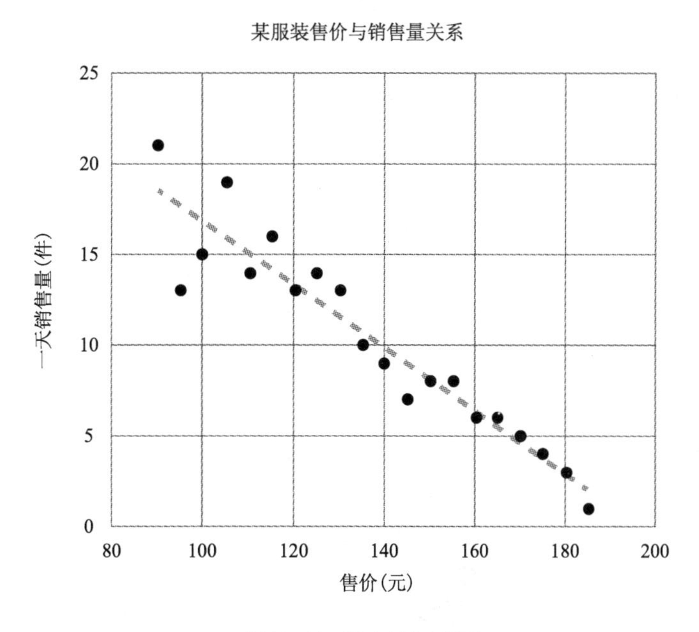

图7-7 散点图示意图

(5)检查表

检查表是一种经常被人们使用的确认问题的质量管理工具,可能是简单的核对表,便于收集、整理和记录数据,如图7-8所示。

防火安全检查表											
检查时间	锅炉房	配电房	变压器	柴油机房	电话机房	广播机房	电梯机房	空调机房	油库	检查人	备注
一月											
二月											
三月											
四月											
五月											
六月											
七月											
八月											
九月											
十月											
十一月											
十二月											
注：正常打√，不正常打×，异常情况在备注栏写明处理情况											

图7-8 检查表示意图

(6)鱼刺图(因果分析图)

该方法是用来判断引起某一问题产生原因的系统方法,图7-9是其中的一种形式。

(7)帕累托图

帕累托图又叫作排列图或主次图,是把注意力集中在最主要问题上的一种方法,如图7-10所示。

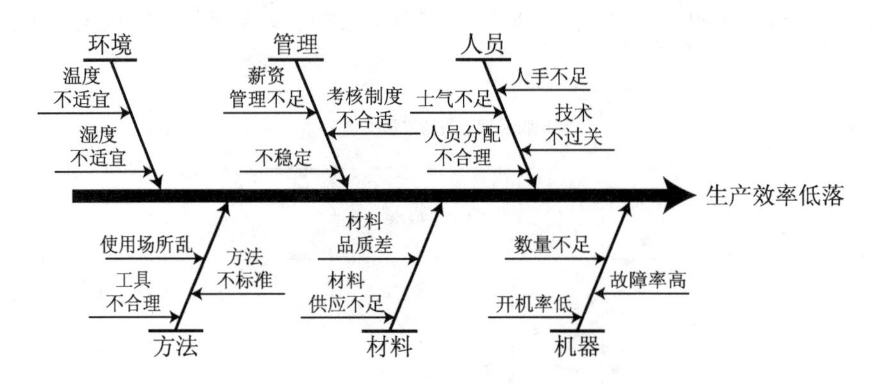

图 7-9　鱼刺图(因果分析图)示意图

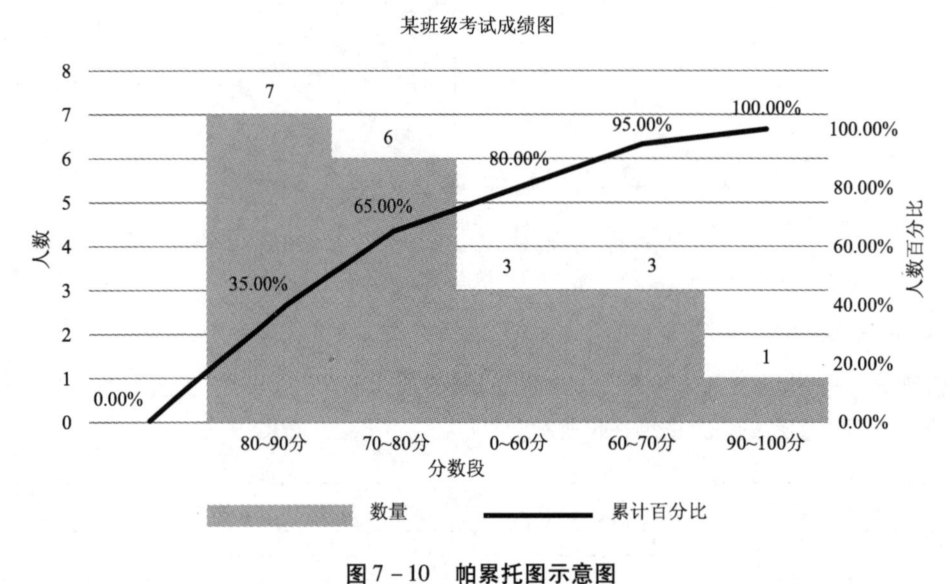

图 7-10　帕累托图示意图

7.2.3　PDCA 的应用

主管单位或主管部门在运营大型公共建筑时,要明确两个质量目标:达到建筑年度节能目标和提高人员满意率。在主管单位或部门运营管理过程中,有效运用 PDCA 循环方法,不仅能让各项工作有序开展、使管理过程更加规范,还有利于提高工作效率和服务质量、增加顾客满意度、增加大型公共建筑的社会效益。

PDCA 循环方法在大型公共建筑用能系统运营管理中的应用过程如图 7-11 所示,具体步骤如下。

1. 计划阶段

根据我国基本国情,降低大型公共建筑的能源消耗至关重要。国家每三年会对重点用能单位进行能源审计,给出能耗定额指标,以提高企业的节能意识。有些企业可能由于能耗没有超高而从未参加过能源审计工作,但建议企业不要放松警惕,最好把同类型企业的

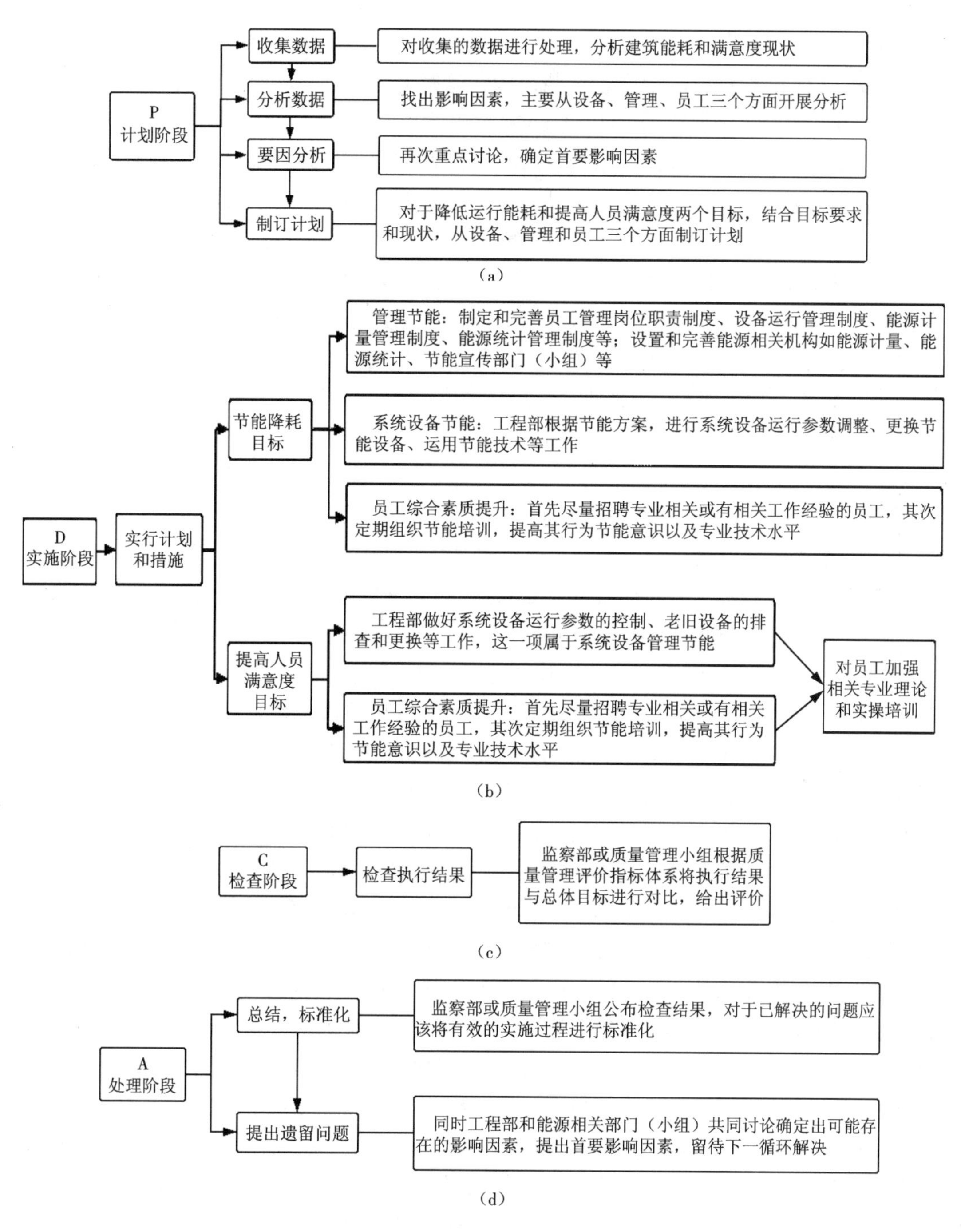

图7-11 PDCA循环方法的应用过程

(a)计划阶段 (b)实施阶段 (c)检查阶段 (d)处理阶段

能耗定额指标作为自审的判断标准。同理，每一个主管单位或主管部门也应该提高节能意识，定期对建筑进行能耗分析和节能改造。

首先，主管单位或主管部门应该定期记录建筑能源的使用状况，系统设备情况，运行控制情况，管理节能情况和员工素质情况，在一阶段结束时对记录的数据进行处理，分析建筑能耗现状，对比政府下达的能耗定额指标，确定该建筑的节能潜力大小。

其次，管理和技术人员共同讨论，找出能耗的影响因素，主要从设备、管理、员工三个方面开展分析，确定当前急需解决的主要问题。

最后，主管单位或主管部门结合政府的节能目标和该建筑目前的能耗现状，制订节能计划。比如：对于设备方面问题，可以进行节能设备改造，使用节能技术，完善用能计量等；对于管理方面的问题，应制定并完善主管单位或主管部门的设备运行管理制度，能源计量管理制度和能源统计管理制度等；对于公司员工方面的问题，需要制订加强员工培训，提高专业实操技能，增加相关考核等计划。同时，还可以把提高建筑使用者满意率作为质量管理的目标，对比上一周期人员满意率调查的反馈现状，从合理运行设备，提高员工服务质量等方面出发制订计划。制订计划时要遵循先针对首要问题提出节能措施和管理方案，待一个循环之后再对次要问题制订计划的原则。

2. 实施阶段

这一阶段是循环中的核心和关键部分，主要工作内容是将制订好的计划尽最大努力落实，完成程度的好坏直接决定了能否达到预期目标。关于节能降耗的计划主要由主管单位或主管部门工程部实现，工程部根据计划目标，分别从管理节能、系统设备节能、员工综合素质提升三方面指标制订合理的部门计划。管理节能方面首先要对员工管理岗位职责制度、设备运行管理制度、能源计量管理制度、能源统计管理制度等进行自查，对于不完善、为制定的制度进行改善和编制落实；其次要对公司能源相关机构设置进行排查，比如是否设置能源计量部门（小组）、能源统计部门（小组）、节能宣传部门（小组）等，对于重要能源部门或小组的缺失应及时向上级反映，尽快补充及培训，以全面完善公司能源管理体系。系统设备节能方面，工程部应依据节能目标，提出一套切实可行的节能方案，可以从系统设备运行参数调整、更换节能设备、运用节能技术等方面综合考虑，并根据方案有序实施。员工综合素质提升，主要是指专业技能、服务水平、节能知识储备等的提升。首先对员工的学历、专业、工作经验进行了解，尽量招聘专业相关或有相关工作经验的员工。其次定期组织员工的节能培训，提高其行为节能意识以及专业技术水平。要注意在实施的过程中及时记录情况，同时确保及时准确地将结果反馈到相应部门，使计划的实施过程得到恰当的控制。

关于提高人员满意率的计划，首先要求主管单位或主管部门工程部做好系统设备运行参数的控制，老旧设备的排查和更换等工作，使室内热环境满足人员舒适度要求，这一项属于系统设备管理节能。其次要不断提高员工专业知识和技术水平，使每一位技术员都有正确调整设备运行参数的能力，室内热环境较差时原因排查的能力，提供端正周到的服务能力，这一项属于提高员工素质范畴。对于这两个问题的解决办法都是对员工进行相关培训。

3. 检查阶段

这一阶段是管理的必要环节，在计划实施过程中或实施阶段完成后，对计划的实施结果进行检查，对比实际完成效果是否满足预期目标。其依据就是大型建筑运营管理质量管理评价体系，比如能源审计计算方法便属于一个评价体系。检查阶段的执行部门可以是监察部,也可以成立专业的质量管理小组,根据运营管理质量管理评价指标体系对工程部实施过程中的情况及时进行考核和评价。评价体系包括管理节能、系统设备运行节能、员工综合素质提升三方面指标。

4. 处理/调整阶段

处理阶段的结束也意味着下一个循环的开始。在这一阶段中,主要是根据检查结果,及时总结,对于已解决的问题,应该将实施计划进行标准化。同时发现新的问题,重新调整首要影响因素,根据总体目标和现状重新制订计划,为下一循环的工作做准备。这一阶段应该由工程部,监察部或质量管理小组以及所有能源相关部门(小组)的负责人共同参加,由监察部或质量管理小组公布检查结果,由工程部和能源相关部门(小组)共同讨论确定可能存在的影响因素,最终由所有负责人共同探讨确定出影响因素的重要程度,将首要影响因素在下一循环解决。

在我们日常生活和工作中,会有年计划、月计划、日计划,这是把目标逐级拆解的过程,因为一步实现大目标实在困难,拆解后的目标实现起来要容易得多,而且各部门配合使工作更加有序高效。PDCA 循环方法与目标分解方法互相嵌套,你中有我,我中有你。PDCA 循环的最大目标即目标分解的最大目标,利用目标分解法逐级拆解后的小目标则为 PDCA 小循环的目标,小循环不断滚动逐步实现,直到最后完成大循环实现大目标。

7.3　基于目标分解的质量管理

7.3.1　目标分解法

1. 定义

目标分解是将总体目标在纵向、横向或时序上分解到各层次、各部门甚至到个人的体系。一般来说,只有把目标分解到个人,企业才能更高效地完成总体目标。

在进行目标分解时有以下几点要求。

①应该遵循整分合原则。将总体目标分解为不同层次、不同部门或不同员工的分目标,各个分目标的综合又体现并完成总体目标。

②分目标和总体目标的方向应该保持一致。

③注意各分目标间在内容和时间上协调、平衡,同步的发展。

④各分目标的表达要简明扼要,并说明具体的目标值和完成的时限要求。

⑤注意各分目标所需条件及限制因素,如人力、物力、财力,技术保障等。

2. 实施步骤

在目标分解的过程中,不论采用哪种方法,其步骤都可以用系统图清晰直观地表示,如图 7 – 12 所示。

首先,确定总体目标。需注意目标不宜选定太多,否则会分散注意力。

其次,目标分解。将总体目标按照一定逻辑逐级向下分解,制订全面的计划。

最后,确定评价体系。根据总体目标确定出一套评价体系,分阶段将汇总的完成结果与预期目标进行对比验证。

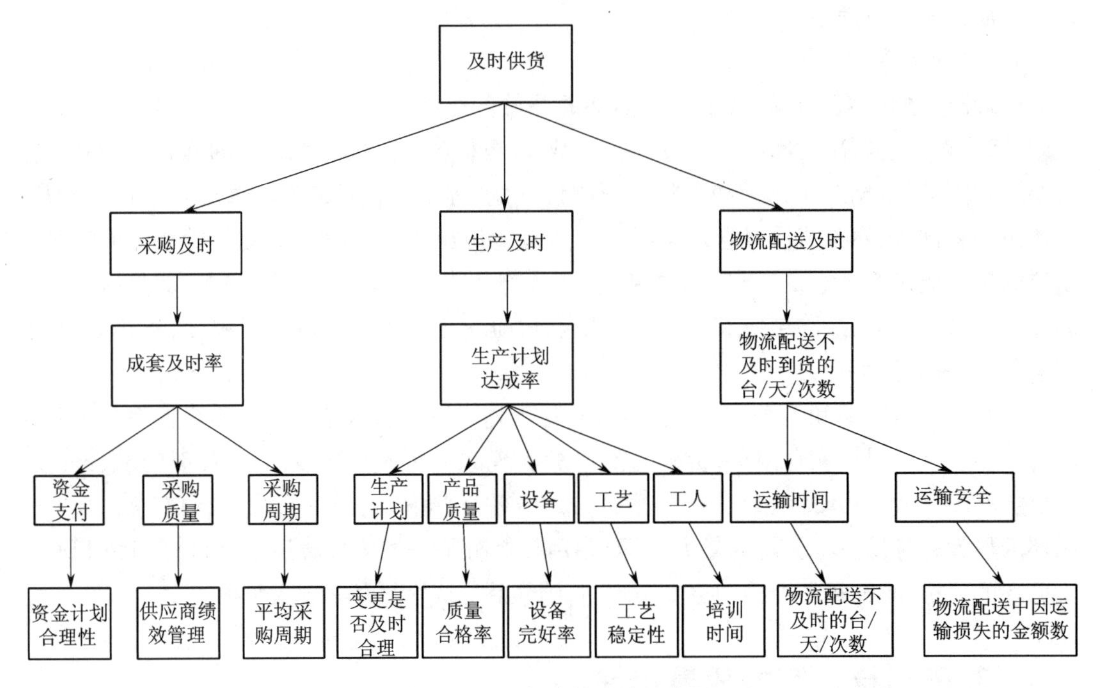

图 7－12　目标分解系统示意图

7.3.2　目标分解法的应用

质量目标分解是将总体质量目标在纵向、横向或时间上逐级向下分解到各层次、各部门甚至个人的过程,主要包括目标的制定、分解和考核。比如某大型公共建筑主管单位或主管部门实行三级管理,即经理—部门负责人—员工,总经理负责管理整个公司,查找和分析问题,制定大致方案,明确各部门的任务指标,确保监督考核到位。各部门负责人收到总经理指示后,根据目标制订部门工作计划和管理方案,分解目标责任到人。部门要制定相应的考核制度,对员工的工作进行跟踪检查,对表现优异的员工给予精神与物质奖励,未完成任务的适当处罚。员工和各部门都需要合理落实计划内容,定期将工作完成情况和工作计划上报,接受上级的监督和考核。

目标分解法在大型公建质量管理中的应用如图 7－13 所示。大型公共建筑用能系统运营管理的目标是降低建筑运行能耗,同时最大程度地提高人员满意率(即满足建筑使用者对质量和舒适的要求)。在降低大型公共建筑运行能耗,高效实现运营管理质量管理节能的总体目标下,其目标值应该由节能改造工程师给出或是政府能源审计提出的能耗指标或主管单位或主管部门出于自我管理目的根据同类型建筑确定的能耗参照值。如果目标的完成周期是一年,公司根据本年目标结合上一年度的结果制订相应的计划、实施方案和考核制度和奖励机制,然后对目标进行分解,可先从时间上分解为季指标,月指标和周指标,再从横向上分解到各职能部门如工程部、能源计量部门(小组)、能源统计部门(小组)、节能培训部门(小组)等,然后将计划下发至各职能部门,还可以进一步从纵向上将能耗指标分解为管理节能、系统设备节能和人员行为节能等。各部门收到任务后同理,进一步将各指标分解到各小组或个人,制定部门的实施方案和考核奖励制度,如图7-13(a)所示。当然也可以将年度目标先分解到各职能部门,然后部门根据年度目标再按照时间进行季目标、月目标的分解,如图7-13(b)所示。在整个质量管理过程中,监察部或质量管理小组时刻对质量目标完成情况进行监督和考核,以便及时发现问题,采取调整和解决措施,避免相同的问题再次发生。

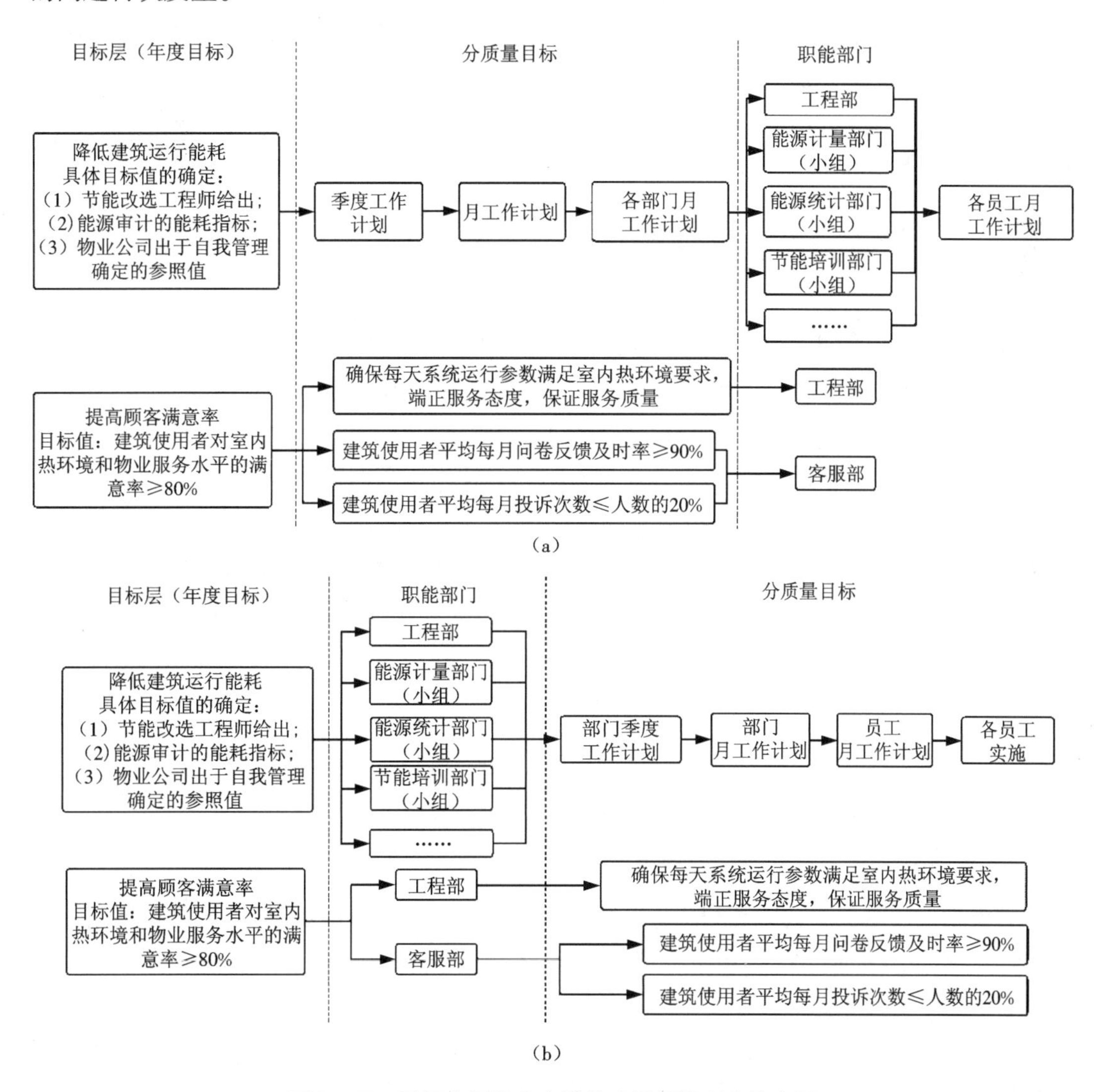

图7-13　目标分解法在大型公建质量管理中的应用

另外,大型公共建筑用能系统运营管理的质量管理还会有一个评价指标,即为建筑使用者的满意率。满意率的大小取决于使用者对室内热环境和主管单位或部门服务态度等满意程度的综合评价,满意率越高,主管单位或主管部门的服务质量越好。工程部员工在运行系统时，必定是在保证系统正常工作的情况下尽可能通过其他管理手段降低能耗，同时满足室内热环境在标准规定范围内，根据 ISO 7730 的规定，夏季室内温度 27～28 ℃即为满足舒适条件，冬季室内温度 18～21 ℃即满足Ⅱ级热舒适条件，在这种情况下，会有 27% 的人感到不舒适。夏季室内温度 24～26 ℃即为满足舒适条件，冬季室内温度 22～24 ℃即满足Ⅰ级热舒适条件，在这种情况下，仍有 10% 的人感到不舒适。一般要求夏季室内 26～28 ℃，冬季大于 18 ℃即可。参照《绿色建筑评价标准》GB/T　50378—2019，将使用者室内热环境满意率目标确定为≥80%，对应于建筑中使用者人数转化出最高投诉指标，即投诉率≤人数的 20%，此投诉率既包括真实的投诉人数也包括在填写调查问卷时对热环境评分为不满意的人数。该指标由客服部进行监管和处理，前提条件是问卷调查和顾客自发的反馈及时率≥90%，使评价结果更有说服力。

目标分解方法与 PDCA 循环法互相配合，能够实现大型公共建筑用能系统运营管理节能工作的系统性管理和健康可持续进行。

7.4 质量运营管理效果的评价

大型公共建筑用能系统运营管理效果的评价是指采用科学的方法衡量建筑在运营管理阶段的表现，包括主管单位或主管部门的管理能力、节能技术的应用情况、员工的个人素养、节能降耗情况等。

大型公共建筑用能系统运营管理质量管理评价指标体系的建立，是进行建筑运营质量管理效果预测和评价的前提和基础。建立一套完整、科学、合理、客观的大型公共建筑运营质量管理评价指标体系，有利于让主管单位或主管部门的管理更加规范、积极，有利于使社会健康可持续发展。

7.4.1 评价指标体系的构建

1. 原则

评价指标体系构建及指标选取应遵循以下基本原则：

（1）科学性和客观性原则

评价指标应根据运营管理和质量管理的基本概念和内容而确定，应遵循理论与实际相结合原则，如实反映运营过程质量管理的结果。

（2）系统性和完整性原则

评价指标的确定应该根据建筑目标确定，形成系统化完整性的体系。评价指标体系在设计时应尽量采用系统方法，按照目标层、准则层、指标层组成树状体系，使整个体系的结构清晰直观，表达完整，传达准确。

（3）实用性和通用性原则

评价体系构建完成后，应该具有实用性原则即具有良好的可行性，数据收集方便，计算方法简便易实现等。另外，对于不同地区，不同类型的大型公共建筑应该具有可重复性即通用性原则，有助于将建筑运营管理的结果横向比较，寻找异同点，所以在确定指标体系时应该选取使用频率高、通用性强的指标。

(4)易测性和持续性原则

确定指标体系时应尽量选取容易测量，方便获取的定量或可落实的指标，建议评价的周期以年度为单位，充分考虑时间因素，具有动态和可持续的实用性。

2. 质量管理评价指标体系

将大型公共建筑用能系统运营管理的质量管理评价指标体系分为四层体系：目标层、准则层、指标层和具体指标层。目标层包括两个大目标：降低建筑运行能耗和提高人员满意率。准则层为运营管理过程中为了实现目标层的目标而实施的手段，包括管理节能、人员行为节能和系统设备合理运行。指标层为准则层的具体内容。具体指标层为可以具体量化的指标，对目标的实现有直接的增减效果。质量管理评价指标体系如图7－14所示。

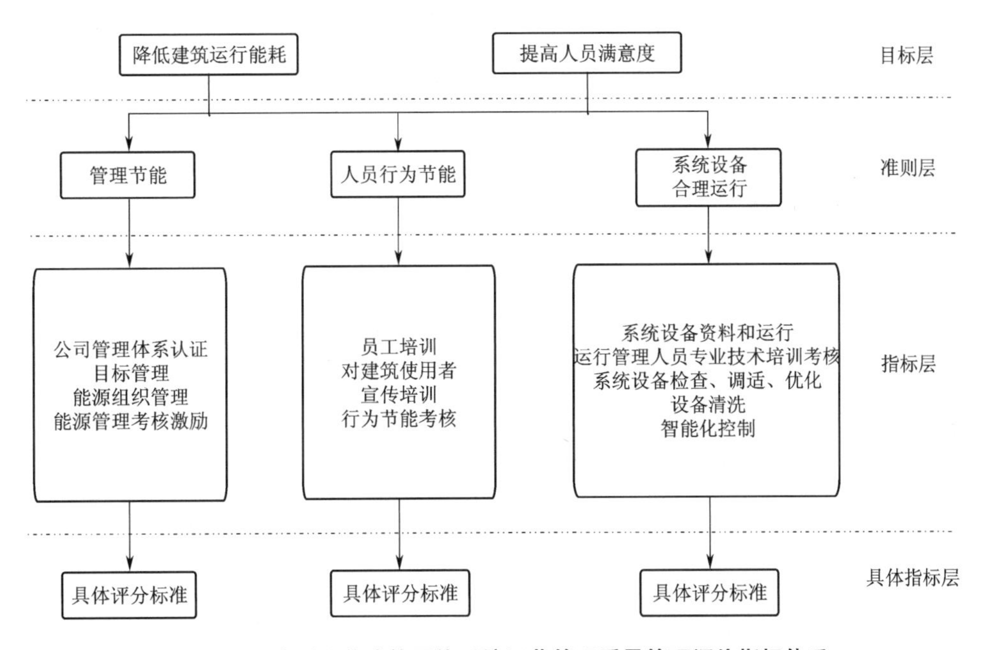

图7－14　大型公共建筑用能系统运营管理质量管理评价指标体系

7.4.2　评价模型的确定

大型公共建筑用能系统运营管理的质量管理效果需要参照评价体系借助评价模型给出评价。建立大型公共建筑用能系统运营管理的质量管理效果评价模型有助于建筑运营主管单位或部门及时自查，快速清晰地认识到自己在运营管理过程中的不足之处。且该模型在建立时的定位为操作简单，直白易懂，有利于模型在建筑运营主管单位或部门甚至是公司内部中的应用。

质量管理效果评价模型实行百分制，由两部分组成：目标考核和管理考核。目标考核满分100分，在模型中权重为60%，其评分标准如表7－1所示。管理考核满分100分，在模型中权重为40%，管理评价指标体系具体指标层中各指标的分数参照各标准而定，评分标准如表7－2所示。

表7－1 目标考核评分标准

目标	降低建筑运行能耗	提高人员满意率	分数	权重后分数
实施效果是否达到计划目标	是	是	100	60
	是	否	50	30
	否	是	50	30
	否	否	0	0

表7－2 管理考核的具体指标评分标准

准则层	指标层	具体指标层	分数	
管理节能 40分	公司管理体系认证	通过ISO 14001环境管理体系认证	3	10
		通过ISO 9001质量管理体系认证	3	
		通过《能源管理体系要求》GB/T 23331的能源管理体系认证	4	
	目标管理	合理设定年度节能目标，质量目标和工作计划，并将目标层层分解并落实	3	3
	能源组织管理	设置能源管理部门，员工配置齐全	5	15
		每年进行能耗计量和统计工作，具有年度能耗计量统计报告	5	
		定期进行能源审计，具有能源审计报告	5	
	能源管理考核激励	制定节约能源相关的激励制度	3	12
		与租户的租赁合同中包含节能激励条款	3	
		实行分项计量	3	
		采用合同能源管理模式	3	
系统设备节能 40分	系统设备资料和运行	系统设备设计、施工、运行等技术资料齐全	4	8
		编制完善的系统运行管理手册并根据变化及时更新	4	
	对运行人员的专业技术培训和考核	制订专业技术培训计划，并将目标层层分解	4	8
		定期培训和考核，具有详细记录表	4	
	系统设备设施的检查、调适和优化	制订完善的检查、调试、运行、优化改造计划，并将目标层层分解	5	10
		落实目标并具有详细的记录	5	
	设备清洗	制订设备的清洗计划	3	6
		定期清洗，并具有完整的记录	3	
	智能化控制	配备建筑线上信息系统	4	8
		系统功能完备，记录数据完整	4	

续表

准则层	指标层	具体指标层	分数	
人员行为节能 20 分	员工培训	定期组织员工行为节能培训，并有工作记录	4	4
	对建筑使用者宣传培训	积极开展节能知识宣传，具有工作记录	3	9
		向每个建筑使用者分发节能宣传手册	3	
		将举办的宣传活动写入公众号进一步宣传	3	
	行为节能考核	制定员工行为节能考核制度	3	7
		定期考核，并有完整的记录	4	
总分	—	—	100	100

确定目标考核和管理考核评分后，根据评价模型给出大型公共建筑运营的质量管理等级，评价模型如表 7－3 所示。若实施效果满足节能目标和满意率目标，则目标考核评价分数为 60 分，如果管理考核评价体系指标累计超过 20 分，代表主管单位或主管部门运营的质量管理优秀；若管理考核评价体系指标累计低于 20 分，代表主管单位或主管部门运营的质量管理良好。若实施效果仅满足一个总体目标，则目标考核评价分数为 30 分，如果管理考核评价体系指标累计超过 30 分，代表主管单位或主管部门运营的质量管理良好；如果管理考核评价体系指标累计超过 20 分，但不超过 30 分，代表主管单位或主管部门运营的质量管理合格，可以按照计划继续执行，将计划充分落实可以达到总体目标；若评价指标累加低于 20 分，代表主管单位或主管部门运营的质量管理较差，且计划存在问题，需要重新收集数据，处理数据，分析现状，制订计划。若实施效果没有达到任何目标，则证明运营管理不合格。即质量管理效果评价模型可以描述为：80≤质量管理效果评价总分≤100 为优秀，60≤质量管理效果评价总分＜80 为良好，50≤质量管理效果评价总分＜60 为合格，质量管理效果评价总分＜50 为不合格。

表 7－3　质量管理效果评价模型

目标考核评价分数	管理考核评价分数	总分	等级
60	$20 \leq x \leq 40$	$80 \leq z \leq 100$	优秀
60	$0 \leq x < 20$	$60 \leq z < 80$	良好
30	$30 \leq x \leq 40$	$60 \leq z \leq 70$	良好
30	$20 \leq z < 30$	$50 \leq z < 60$	合格
30	$0 \leq x < 20$	$30 \leq z < 50$	不合格
0	—	—	不合格

第8章　既有大型公共建筑用能系统全过程高效运营管理技术

8.1　用能审查与诊断技术流程

8.1.1　能源审计

能源审计是开展各项用能系统诊断和建筑性能提升工作的基础，目的是为了发现建筑建成后，在使用过程中出现的因建筑设计欠妥、房间区域使用性质改变、设备设施陈旧老化、系统管理运行维护不当或能源管理工作不足等因素造成的建筑能源利用率偏低、能源消耗水平高、能耗费用居高不下以及室内环境效果欠佳等问题并进行定量分析和客观评价，掌握建筑基本能耗现状，通过审查、监测、诊断和评价，发现建筑节能潜力。

8.1.1.1　审计流程

建筑能源审计是一种建筑节能的科学管理和服务的方法，其主要内容包括对用能单位建筑能源使用的效率、消耗水平和能源利用的经济效果进行客观考察，对用能单位建筑能源利用状况进行定量分析，对建筑能源利用效率、消耗水平、能源经济和环境效果进行审计、监测、诊断和评价，从而发现建筑节能的潜力。它的主要依据是，建筑能量平衡和能量梯级利用原理、能源成本分析原理、工程经济与环境分析原理以及能源利用系统优化配置原理，如图8－1所示。

8.1.1.2　准备工作

建筑能源审计小组一般由建筑、暖通空调、会计、审计等专业人员组成。建筑能源审计小组应配备笔记本电脑、通讯对讲、激光测距仪、温度/湿度/二氧化碳浓度/照度/流量/功率等测试仪器或综合测试仪器等设备。被审计建筑物的所有权人或业主可以委托物业管理公司配合审计，但应指定或委托专人担任审计项目的责任人和联络人。

8.1.1.3　审计内容

1. 审阅并记录一至三年（以自然年为单位）的能源费用账单

账单包括：用电量及电费、燃气消耗量及燃气费、水耗及水费、排污费、燃油耗量及费用、燃煤耗量及费用、热网蒸汽（热水）耗量及费用、其他为建筑所用的能源消耗量及费用，能源账目至少应包括12个月的能源费用账单。

2. 审阅建筑物的能源管理文件

管理文件应包括：1）建筑物能源管理机构或建筑能源管理责任人的任命或聘用文件；2）过去一到三年内所采取的节能措施及其节能效果的说明文件；3）大型用能设备（制冷机、

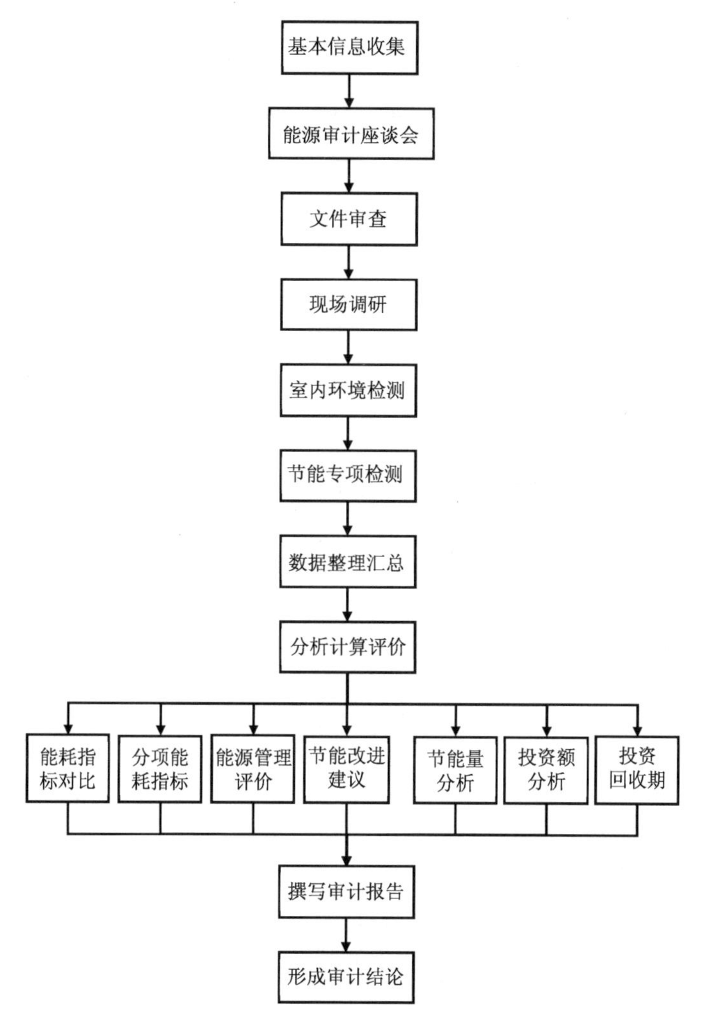

图 8-1　能源审计流程图

锅炉)或设备机房的节能管理规定;4)大型用能设备(制冷机、锅炉)或设备机房的运行管理规程;5)大型用能设备(制冷机、锅炉)或设备机房的运行记录;6)BA 系统中保存的过去(至少一年的)能耗数据;7)能耗计量装置(仪表)的校验证明;8)主要管理人员接受节能培训的证明文件。

3. 巡视大楼,填写现场调查表

①对大楼进行整体巡视,结合文件审查结果及建筑基本信息表,确定建筑能耗和管理的总体情况;

②对大楼内的制冷机房、锅炉房等设备机房进行巡视;

③根据建筑内各房间的不同用途进行随机抽检。

8.1.1.4　能耗评价指标

需要计算的能耗评价指标包括:建筑能耗总量指标、常规能耗总量指标、特殊区域能耗总量指标、暖通空调系统能耗指标、照明系统能耗指标、室内设备能耗指标、综合服务系统能耗指标和建筑水耗总量指标。

8.1.1.5　**审计结论和报告**

能源审计报告应列出审计的目的和范围、被审计设备/系统的特性和运行状况、审计结果、确定的节能措施及相应的节能量和费用,并给出推荐措施。报告应给出写实性结论,客观反映审计结果。审计结论只针对具体建筑(或建筑群),不针对所有权人、建筑管理单位或任一用户。

8.1.2　系统及设备能效诊断

1. 围护结构系统能效诊断

围护结构系统能效诊断应进行的检测项目包括以下几个方面:

①外围护结构热工缺陷;

②外围护结构热桥部位内表面温度;

③围护结构主体部位传热系数;

④外窗气密性;

⑤外围护结构隔热性能;

⑥外窗外遮阳设施。

受检项目的检测结果均满足《居住建筑节能检测标准》(JGJ/T 132—2009)的规定时,应判为合格,否则应判为不合格。

2. 用能系统能效诊断

用能系统能效诊断应进行的诊断项目包括以下几个方面。

①冷热源及系统性能诊断:冷水机组;地源热泵;供热二级管网;分体式空调。

②输配系统性能诊断:水泵;风机。

③照明系统。

④动力系统:电梯诊断;自动扶梯或自动人行道诊断;给排水泵诊断;热水加热设备诊断。

3. 室内环境参数诊断

室内环境参数诊断包括温湿度检测;污染物检测。

8.2　高效运营及节能改造方案

节能改造方案的设计是针对建筑中的围护结构、空调、采暖、通风、照明、供配电以及热水供应等能耗系统进行的节能综合改造设计,通过对各个能耗系统的勘察诊断和优化设计,应用高新节能技术及产品,提高运行管理水平,使用可再生能源等途径提高建筑的能源使用率,减少能源浪费,在不降低系统服务质量的前提下,降低能源消耗,节约用能费用。

8.2.1　改造方案制定依据

既有大型公共建筑高效运营及节能改造方案制定应参照国家相应标准和规范。为达到现阶段既有公共建筑节能需求，国家相关部门颁布了一系列关于公共建筑节能的法律法规以及标准规范，现阶段实施的标准有设计阶段《公共建筑节能设计标准》、项目施工工程中的《公共建筑节能检测标准》、项目验收阶段的《建筑节能工程施工质量验收规范》、项目运行改造的《公共建筑节能改造技术规范》等。公共建筑的空调系统以国家标准为依据，通过对具体项目的实测来分析评估并提高空调系统的能效水平，符合现阶段国家标准的要求也顺应节能时代的发展。大型公共建筑高效运营及节能改造方案制定的主要参照标准和规范如下。

8.2.1.1　《中华人民共和国节约能源法》

《中华人民共和国节约能源法》于2008年4月1日起施行。于2016年7月2日修订。此法有助于推动全社会节约能源，提高能源利用效率，保护和改善环境。此法是既有大型公共建筑高效运营及节能改造方案制定的根本大法、根本依据。

8.2.1.2　《公共机构节能条例》

《公共机构节能条例》起到推动公共机构节能，提高公共机构能源利用效率，发挥公共机构在全社会节能中的表率作用。此条例主要强调了公共机构应当加强用能管理，采取技术上可行、经济上合理的措施，降低能源消耗，减少、制止能源浪费，有效合理地利用能源。

8.2.1.3　《公共建筑节能设计标准》

2005年《公共建筑节能设计标准》正式发布，2015年对该标准进行修订，2015年10月1日实施。其主要内容包括建筑与建筑热工，供暖通风与空气调节，给排水，电气，可再生能源利用等。

8.2.1.4　《民用建筑能耗标准》

2016年4月《民用建筑能耗标准》正式发布，12月1日正式生效。《民用建筑能耗标准》是为贯彻国家节约能源、保护环境的有关法律法规和方针政策，促进建筑节能工作、控制建筑能耗总量、规范管理建筑运行能耗而制定，主要内容规定了居住建筑和公共建筑非供暖、严寒和寒冷地区建筑供暖的能耗指标。

8.2.1.5　《公共建筑节能改造技术规范》

《公共建筑节能改造技术规范》主要技术内容包括节能诊断，节能改造判定原则与方法，外围护结构热工性能改造，采暖通风空调及生活热水供应系统改造，供配电与照明系统改造，监测与控制系统改造，可再生能源利用，节能改造综合评估等。

8.2.2　改造方案目标

既有大型公共建筑高效运营及节能改造方案目标的确定，应结合改造方案考核指标，通过能耗指标去衡量改造目标。改造目标的确定,有助于明确改造方案的推进方向,结合考核能耗指标去设定具体的、有针对性的节能改造方案,从而指导节能改造方案的实施和推进。建筑高效运营及节能改造方案所应达到的目标,应分别从暖通空调系统,电气和照明系统,给水系统等方面进行阐述,相应具体节能改造方案目标详见第二章。

8.2.3 改造方案考核指标

节能改造方案考核指标的确定,有助于操作人员首先明确需要考察的具体指标,进而针对具体的指标做出相应的调整,确定节能改造方案的具体内容。操作人员应从相应的能耗考核指标规定制定合理的节能方案。节能方案的制定应满足以下指标,相应能耗考核指标具体规定详见第二章。

8.2.3.1 暖通空调系统

1. 冷热源节能考核指标

对冷热水机组的考核指标主要包括:

①供回水温差;②性能系数 *COP*;③综合部分负荷性能系数 *IPLV*;④冷源系统能效系数。

2. 水系统节能考核指标

(1)对水系统的考核指标控制

对水系统的考核指标控制主要包括水系统输送系数、水泵效率、系统平衡度、冷冻(却)水总流量。

(2)冷却塔节能考核指标

对冷却塔的节能指标控制主要包括冷却能力、冷却塔效率。

3. 风系统考核指标

(1)风系统节能考核指标

风系统考核内容主要包括末端设备、风管路系统、室内环境。

(2)风系统考核指标主要包括单位风量耗功率、空调末端能效比(*EER*)、系统总风量和风口风量、室内环境等。

8.2.3.2 电气和照明系统

1. 相关参数

电气和照明系统的相关参数:照度、眩光、显色指数、色温。

2. 相关指标

电气和照明的相关指标包括:照明算量、照明消耗、总电压损耗、变压器内损耗、线路损耗。

8.2.4 改造方案技术选用

本节主要从影响方案评价的因素如经济指标、环境指标、技术指标、社会效益等方面将改造设计方案进行分类归纳总结。节能改造方案的制定应根据下列因素综合考量,具体节能改造方案应结合实际工况和建筑具体参数进行制定，并最后进行节能量计算，算出节能潜力，确定最终节能改造方案，如表 8－1 至表 8－4 所示。

表 8－1　节能改造方案初期投入因素

因素	投入程度	措　施
初期投入	初期投入较低	水蓄冷技术，新风自然冷却技术，冷却塔直接供冷系统，冷却塔间接供冷系统，水力平衡的改造，管道保温，直接式冷凝热回收，照明开关控制等
	初期投入适中	变频技术应用，排风热回收系统技术，间接冷凝式热回收技术，利用换热器回收烟气余热技术，太阳光蓄能等
	初期投入较高	增设小机组，冰蓄冷技术，更换高效率的机组，水泵和风机改造和更换，利用热泵回收烟气余热回收技术等

表 8－2　节能改造方案静态回收期因素

因素	回收程度	措　施
静态回收期	静态回收期较低	冷却塔间接供冷系统，新风自然冷却技术，冷却塔直接供冷系统，水力平衡的改造，管道保温，照明开关控制，太阳光蓄能等
	静态回收期适中	增设小机组，冰蓄冷技术，水蓄冷技术，变频技术应用，排风热回收系统技术，直接式冷凝热回收，间接冷凝式热回收技术，利用换热器回收烟气余热技术等
	静态回收期较高	更换高效率的机组，水泵和风机改造和更换，利用热泵回收烟气余热回收技术等

表 8－3　节能改造方案改造施工难度因素

因素	难度	措　施
改造施工难度	改造施工难度较低	新风自然冷却技术，冷却塔直接供冷系统，冷却塔间接供冷系统，变频技术应用，水力平衡的改造，管道保温，直接式冷凝热回收，照明开关控制等
	改造施工难度适中	水蓄冷技术，排风热回收系统技术，间接冷凝式热回收技术，利用换热器回收烟气余热技术，太阳光蓄能等
	改造施工难度较大	增设小机组，冰蓄冷技术，更换高效率的机组，水泵和风机改造和更换，利用热泵回收烟气余热回收技术等

表 8－4　节能改造方案维护管理因素

因素	难度	措　施
维护管理	维护管理方便	增设小机组，水蓄冷技术，新风自然冷却技术，冷却塔直接供冷系统，冷却塔间接供冷系统，变频技术应用，水力平衡的改造，管道保温，直接式冷凝热回收，利用换热器回收烟气余热技术，照明开关控制，太阳光蓄能等
	维护管理适中	更换高效率的机组，水泵和风机改造和更换，排风热回收系统技术，间接冷凝式热回收技术，利用热泵回收烟气余热回收技术等
	维护管理复杂	冰蓄冷技术等

8.3　用能系统改造施工

既有大型公共建筑用能系统的改造施工与新建建筑用能系统设计施工的最大区别在

于施工作业基础的不同,因此在施工技术流程上也存在较大区别。既有大型公共建筑用能系统改造施工工作流程开始于确定既有大型公共建筑用能系统改造方案之后,由节能改造实施部门提出拟采购的设备清单,进行设备采购;甲方与承包改造施工项目的企业签订用能系统改造施工合同;用能系统改造施工工程竣工后,甲方还应组织相关部门进行竣工验收。

8.3.1　改造设备采购

即有大型公共建筑用能系统设备采购流程包括以下几部分,其流程图如图 8－2 所示。

①设计改造方案,申请设备采购预算。

②发布采购信息。用能系统改造方案相关部门审核通过后,由负责招标采购设备部门发布采购信息、编制招标文件、确定评标原则、制定评分标准。设备采购可采用以下方式:a. 公开招标;b. 邀请招标;c. 竞争性谈判;d. 单一来源采购;e. 询价;f. 国务院政府采购监督管理部门认定的其他采购方式。公开招标应作为采购节能改造设备的主要采购方式。具有特殊采购要求时,可分情况选择其他采购方式。

③组织评标委员会评标。评标委员会根据招标文件规定的评标标准和方法,对技术部分和商务部分进行量化,对这两部分的量化结果进行加权,计算出每一投标的综合评估价或者综合评估分。最后,拟定一份“综合评估比较表”,连同书面评标报告提交招标人。

若出现不满足招标要求的情况,则应予以废标。废标后,采购人应当将废标理由通知所有投标人,除采购任务取消情形外,应当重新组织招标。

④签订采购合同。

⑤设备供应商按合约供应设备。

⑥项目验收。

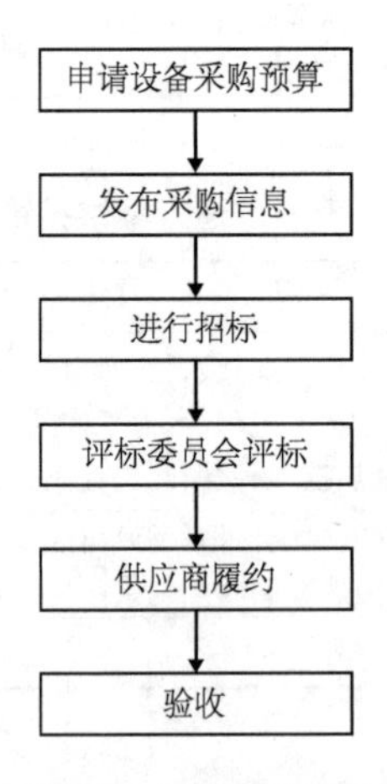

图 8－2　既有大型公共建筑用能系统设备采购流程图

8.3.2　改造施工合同

用能系统改造施工合同是指某既有大型公共建筑的甲方与承包方为完成商定的用能系统改造施工任务，明确相互之间的权利、义务关系的书面协议。

用能系统改造施工合同内容一般包括以下几个方面。

(1)工程概况

工程概况应包括项目名称、项目地点、建筑面积、原有用能系统概述等基本信息。

(2)工程内容

工程内容即工程承包范围，如设备、管道及其配件的采购、运输、安装、更换及后期调试，甚至对甲方技术人员进行培训等任务。

(3)工程总价(略)

(4)合同工期

合同工期包括开工日期、竣工日期及合同工期总日历天数。

(5)设备明细及质量要求

此部分应包含合同所涉及的具体设备及管道附件明细表，并注明具体名称、品牌、型号、数量清单。业主在严格执行国家现行有关规定的情况下，可在合同中提出对承包方额外的工程质量要求。

(6)付款方式(略)

(7)双方的权利与责任义务

甲方的责任与义务主要包括按照改造施工合同规定支付工程款，指定现场代表配合施工方协调改造施工现场相关事宜。

乙方的责任与义务主要为在合同约定时间内准时进场，按照改造施工合同、施工图纸、施工验收规范、节能改造技术要求及施工组织技术方案在规定期限内完成施工内容并对工程质量向业主负责。

(8)质量验收及售后服务

施工方应确保承包的用能系统改造工程质量达到与甲方约定的标准，并符合《建筑节能工程施工质量验收规范》及其他建筑施工验收标准及行业规范。施工完毕后应向甲方报告，通知甲方验收。此外还应明确由于验收不合格或交付后由于质量问题造成的工程损失的责任承担方，还包含改造工程竣工后的质量保证期限，售后服务联系人员。

(9)违约责任、争议解决办法(略)

8.3.3　改造施工安全

安全有序的施工是完成工程内容、加快工程进度、提高工程质量的基本要求。因此负责用能系统改造施工的承包单位在制定节能改造施工组织设计方案时应结合工程特点编制建筑施工安全技术规划，其中应包括施工安全目标、安全生产保证体系并采取相应的安全保障及管理措施,并制定施工安全事故应急救援预案。

8.3.3.1　安全施工目标

无死亡事故、无重大伤人事故、无重大机械事故、无火灾、无中毒事故。即“五无”目标。

8.3.3.2　安全施工管理体系

施工单位在制定施工组织设计方案时应同时确立安全施工管理体系,成立专门的安全管理小组,并设置专职安全员。安全施工管理小组的组织机构应由项目经理负总责,是安全施工的第一责任人。下设专职安全员,主抓各项安全施工管理措施的落实工作。各施工班组设立兼职安全员以配合专职安全员工作。

8.3.3.3　安全生产保证措施

安全施工管理小组应制定详细的安全生产保证措施,内容包括安全施工保证措施、安全生产管理措施、安全用电保证措施、消防安全措施等。安全生产保证措施的制定应在《建筑施工安全技术统一规范》的指导下,并符合其他各项施工安全规范准则,各项措施应尽量具体细化,并符合工程项目施工实际。

8.3.4　改造施工验收

用能系统改造施工验收一般包括两项内容:施工资料验收和施工内容验收。

用能系统改造验收资料分为基础性资料和支持性技术资料及文件。基础性资料包括项目基本概况,用能系统改造的诊断与判定,改造实施方案及技术要点,改造项目管理措施,改造项目任务完成情况及工程建设质量情况,资金管理文件,工程量核定,节能量计算等。节能改造验收支持性技术资料及文件包括用能系统改造施工方案,主要材料设备装置质量合格证明文件,隐蔽工程验收记录,施工质量验收记录,施工竣工图纸等。

既有大型公共建筑用能系统改造施工完成后,应按《建筑节能工程施工质量验收规范》(GB 50411—2007)进行系统节能性能的检测验收。系统节能性能检测的主要项目及要求见表8-5,其检测方法应按国家现行有关标准规定执行。

表8-5　系统节能性能检测主要项目及要求

序号	检测项目	抽样数量	允许偏差或规定值
1	室内温度	居住建筑每户抽测卧室或起居室1间,其他建筑按房间总数抽测10%	冬季不得低于设计计算温度2℃,且不应高于1℃;夏季不得高于设计计算温度2℃,且不应低于1℃
2	供热系统室外管网的水力平衡度	每个热源与换热站均不少于1个独立的供热系统	0.9~1.2
3	供热系统的补水率	每个热源与换热站均不少于1个独立的供热系统	0.5%~1%

续表

序号	检测项目	抽样数量	允许偏差或规定值
4	室外管网的热输送效率	每个热源与换热站均不少于 1 个独立的供热系统	≥0.92
5	各风口的风量	按风管系统数量抽查 10%，且不得少于 1 个系统	≤15%
6	通风与空调系统的总风量	按风管系统数量抽查 10%，且不得少于 1 个系统	≤10%
7	空调机组的水流量	按系统数量抽查 10%，且不得少于 1 个系统	≤20%
8	空调系统冷热水、冷却水总流量	全数	≤10%
9	平均照度与照明功率密度	按同一功能区不少于 2 处	≤10%

8.4 用能系统效能调适

8.4.1 调适过程

8.4.1.1 制订实施计划

实施计划的制订应优化项目实施过程，确保工期能按期按质完成。实施计划包括调适项目的工作内容，业主根据节能报告推荐的节能措施实施方案与时间表，以及调适团队内部分工与协调。实施计划还应包括最终节能量的验证方案。节能量的验证往往涉及额外的资金投入，比如安装电表和建立监测平台。而这些投入不能带来直接的节能效果，因此业主单位往往不愿意投入。然而，不安装足够的电表或建立能耗监测平台，往往在项目完成并验收的时候，节能量无法准确地计算。因此，激励政策可以起到关键的作用：节能量的验证，有助于业主申报建筑节能的财政补贴，有了资金投入环节的原动力。

8.4.1.2 前期维修

前期维修主要是修复一些简单的、明显的、易于实施的设备故障及节能措施，比如更换传感器、执行器，改变设备的运行时间等，通常由建筑物业运行团队来完成。

8.4.1.3 确定调适团队

调适团队除了包括业主或物业团队代表外，还应包括设备厂家代表和其他相关技术人员。物业或相关单位运行管理人员在调适实施阶段的参与，对于既有大型公共建筑调适成果至关重要。既有大型公共建筑调适的主旨在于提升建筑整体的运行与维护水平。通过参与建筑调适的整个过程，运行管理人员可以更好地了解建筑的系统以及系统间的耦合关系。运行管理人员应最大程度地参与调适的诊断与测试过程，提高对建筑设备和控制策略的理解，并将建筑调适获得的收益良好地进行保持。在调适工作中，运行管理人员的职责主要包括：

①协助校准传感器；

②协助在建筑楼宇自控系统中设定查找历史数据；

③协助系统的诊断与功能测试；

④执行日常职责范围内的简单设备维修；

⑤项目结束后，保持建筑调适的收益。

当项目中的设备较新，仍在保修期内的时候，调适团队中应包括设备安装方和厂家的代表。但是他们的职责仅限于保修合同中的内容。当调适方案中有针对冷水机组和锅炉等大型设备的节能优化措施时，应及时与安装方和厂家代表沟通，以确保调适方案中的内容不会影响到保修合同。

楼宇自控系统厂家和代理通常是最了解该建筑的控制策略及系统编程的，因此他们将是调适团队的重要成员。由他们来实施改进的控制策略，能为项目的实施节省时间。但是调适团队中是否包括设计人员取决于调适方案的内容。如果调适方案涉及较大的改造，根据国家及地方标准，需要有资质的设计单位来出具设计图纸。

当调适中涵盖某些特殊工艺时，如无菌室等，调适团队中应包括相关领域的专业技术人员，其主要职责是进行工艺过程的诊断并给出调适建议。

8.4.1.4　调适目标的实现

按照调适计划时间表，逐一实施既有大型公共建筑调适的节能措施。在调适实施过程中，为了不影响业主的使用，很多调适任务是要在业主的非工作时间来完成的。对于必须在正常工作时间完成的任务，一定要在早期制订调适计划的时候与业主进行充分的沟通，以免造成工期的延误。

8.4.1.5　功能测试与结果验证

一旦所有选定的调适措施完成后，确定这些措施正确地实施并且达到预期的目的是非常重要的。验证可以通过使用楼宇自控系统的历史数据功能、安装便携式传感器和数据记录仪、功能测试、甚至简单观察或这些方法的组合来完成。为了确保每一项的措施以及所有的措施的综合效果达到预期，应将措施实施前后的运行数据进行对比来确认措施得以正确实施。

8.4.2　交付与质保

交付与验收是既有大型公共建筑调适的最后阶段，也意味着质保的开始。在这个阶段，调适团队要提交既有大型公共建筑调适项目报告以及系统更新的运行维护手册，这些文档对于日后运行管理人员保持调适成果以及对运行管理人员的培训工作是有重大意义和帮助的。质保阶段另一项很重要的任务是调适团队协助业主制定持久性策略来保持既有大型公共建筑调适成果，若没有有效的持久性策略，则随着时间的推移，调适所实施的措施可能被运行管理人员改变，从而失去既有大型公共建筑调适所获得的成果。

调适团队在质保期间要进行常规的检查，以确保所实施的措施在不同季节和运行模式下可以正常工作，并达到预期的效果。

8.4.3　调适文档

1. 规划阶段

规划阶段需要调试的文档包括业主调适需求报告；建筑调研报告。

2. 调研阶段

调研阶段需要调试的文档是能源审计报告。

3. 实施阶段

实施阶段需要调试的文档包括既有大型公共建筑调适计划；实施总结报告。

4. 交付质保阶段

交付质保阶段需要调适的文档包括既有大型公共建筑调适项目竣工报告；系统运行管理手册。

8.4.4　调适持续性

由于建筑及其使用性质存在动态特性，既有大型公共建筑调适的成果可能随着建筑使用特性的改变而逐渐地失效。因此业主与运行管理人员需要建立相关的规章制度和管理体系来保持调适效果，尤其是对于改进的控制策略，在楼宇自控系统里面的一个小小的策略改动也可能影响到既有大型公共建筑调适的成果。

8.4.4.1　建筑文档完善

对于建筑文档不完整或没有建立或更新建筑文档的既有大型公共建筑，调适提供了重新建立或更新建筑系统和设备资料文档的机会。这些资料将大大改善建筑运行管理工作的效率，也为既有大型公共建筑调适成果提供了有力的依据。这些文档资料主要包括设备清单、运行与维护手册、控制系统文档。

1. 设备清单

一般情况下，设备清单应包括表8－6中所列内容。

表8－6　设备清单内容

设备识别号和名称（比如1号锅炉）	设备位置
制造商名称	安装日期
供应商联系人	—

2. 运行与维护手册

运行维护手册应足够详细，以便帮助运行管理人员进行维护、操作设备以及诊断、排除故障。表 8 -7 给出了运行与维护手册通常包含的内容。

表 8 -7 运行与维护手册内容

安装承包商的联系信息	产品数据	零件清单	故障排除步骤
测试数据	性能参数与曲线	设计文件	测试、调节与平衡报告
安装说明	启动程序	保修信息	保养要求
运行策略	—	—	—

3. 控制系统文档

(1)控制点列表

列出一个完整的，包含控制系统中所有的输入和输出的物理点及虚拟点的控制点列表，对于系统的监测和故障诊断是非常有帮助的。控制点通常包含内容如表 8 -8 所示。

表 8 -8 控制点列表内容

点的名称(命名规则一致)	点的类型(输入、输出、设定值)
传感器与执行器类型与精度	对应的设备的名称与类型(比如风机)
所在的控制器名称	报警阈值

(2)控制策略文档

控制策略文档能够让运行管理人员了解控制系统是如何控制建筑各个设备运行的。但在通常情况下，控制策略仅仅是被编写，如楼宇自控系统软件，而并没有生成文档记录。

(3)控制系统图

即控制系统图控制单线图。控制系统图能够使运行管理人员理解暖通空调、照明、动力系统工作的全过程，同时也对各个系统之间的耦合关系有进一步的认识。控制系统图的制作一般从前期调查就开始了，调适团队需要利用控制系统图来更好地了解整个系统的布局，同时也要判断现有的建筑资料和文档是否正确。厂家提供的控制系统图，调适团队在调适进行期间要反复核对，并更新加入既有大型公共建筑调适的部分内容。

8.4.4.2 运行管理人员培训

对运行管理人员的培训应该贯穿整个既有大型公共建筑调适的项目实施过程，并让运行管理人员在实践中真正领会建筑调适所带来的变化，理解每一个节能措施的原理。在交付时对运行管理人员的培训主要是回顾整个调适过程，并重点讲解以下内容。

①常见故障诊断的方法和依据；

②既有大型公共建筑调适实施的措施以及所带来的运行效率的改善；

③保持既有大型公共建筑调适成果所要进行的运行维护的要求。

8.4.4.3　建筑运行管理及监测

在日常的维护管理工作中,运行管理人员应时刻注意如下问题:

①建筑使用功能及空间布局是否发生变化;②维修维护临时时间表是否改回日常时间表;③因维修需要改变的设备运行参数是否改回原本的设定;④是否有设备频繁启停;⑤新入驻用户是否了解用户侧控制器的使用方法;⑥建筑控制系统是否按照设定的控制策略在运行;⑦无人区域是否有开启照明或其他设备等浪费现象。

第9章　既有大型公共建筑用能系统全过程高效运营管理模式

目前,针对我国大型公共建筑,即使在设计阶段已达到很高的节能水平,但实际运行能耗始终居高不下。一直以来,基于技术手段的建筑节能方法始终占主导地位,然而其系统和设备的改造投资成本往往比较大。由于业主等相关主体看不到短期收益,节能改造的推广面临一定阻力。既有大型公共建筑的规划、设计和施工阶段已完成,所以在诊断、调适、改造和后期运行使用阶段,如何保证其高效运营是节能的关键所在。其核心问题在于两点:第一,如何让既有大型公共建筑的业主主动地、积极地对陈旧且低效的用能系统进行调适和改造;第二,如何利用现有的或者经过节能改造后的用能系统及设备实现建筑的高效、节能运行。因此,需将先进的技术手段和管理手段结合起来,形成科学的、便于实施的高效运营管理模式,从而最大限度地提升既有大型公共建筑用能系统全过程运营效率。

9.1　发展与应用

9.1.1　发达国家管理经验

发达国家在建筑节能领域起步较早,至今已形成比较完善的技术管理体系和市场机制,其主要手段有制定政策法规、建立节能标准和评估体系、发展产业化和市场化、开展全过程建筑调适等。下面将其分为三部分加以介绍,分别是强制性措施、鼓励性措施和配套技术手段。

9.1.1.1　强制性措施

政府作为建筑节能工作的发起方和主导方,始终扮演着十分重要的角色。在美国《2005美国能源政策法案》中,要求由政府机构率先开展建筑节能相关工作,同时也阐明了相关政策体系和未来发展方向。

加拿大的能源效率办公室(Office of Energy Efficiency)主要负责大型公共建筑节能管理工作。加拿大政府先后出台了很多严格的技术法规,例如《加拿大能效规范》(*Canada's Energy Efficiency Regulations*)、《建筑能耗基准评级体系》(*Energy Benchmarking and Rating System for Buildings*)。

日本先后颁布了《节约能源法》《能源合理使用法》等法律法规。日本空气调节卫生工学会提出了例如"能源消耗系数"(Coefficient of Energy Consumption)和"周边全年负荷"(Perimeter Annual Load)等建筑节能指标来评价和监督相关法规的执行与达标情况。2013年,日本将三部建筑节能相关标准合并为一部,并计划2022年实行强制执行。

欧盟的建筑节能证书制度是欧盟多年努力的标志性成果,在2002年《欧盟建筑物能效性能指令》颁布,该制度开始实施。节能证书包含了建筑各方面的信息使得建筑的能耗数据、设施性能、节能情况等在建筑检测程序过程中不断补充完善,能够找出问题并查明原因,并有效采取相应措施。

除了政府层面的强制性政策法规,各个发达国家都拥有对应于本国气候特点和社会经济特征的公共建筑节能标准。其中影响最大的是美国采暖制冷空调工程师协会发布的ASHRAE 90.1—2016:*Energy Standard for Buildings Except Low-Rise Residential Buildings*。在此标准中,专门有一章的内容对建筑全过程的管理技术做出明确要求,包括规划、设计、施工、验收和后期运行。

9.1.1.2 鼓励性措施

政府主导的建筑节能工作紧紧依靠强制性的要求是远远不够的,法律法规仅仅只是在国家层面的最低要求,为了达到更好的效果,相关的引导和鼓励手段是必不可少的,列举如下。

1. 宣传引导

首先,一般由政府行政部门负责和组织相关的人员培训。其次,政府利用其行政权限对所辖范围内的既有大型公共建筑进行全面的能源审计工作,通过数据采集与分析,建立完备的基础数据库。相比之下,政府最为直接的鼓励措施就是为相关改造项目提供资金补贴,鼓励所改造项目采用内部融资、贷款或合同能源管理等手段获得节能管理与改造的资金。对于已经开始改造或已经改造完毕的项目,政府会利用其网络平台等技术手段,持续地对改造运营效果进行监督。

2. 能效标识制度和绿色建筑评价体系

能效标识制度和绿色建筑评价体系内容为业主可委托具有相关资质且被政府授权的第三方,对新建建筑、既有建筑或对建筑材料、用能系统甚至部分单独设备进行节能评估,并公示其结果以及提供一些改进建议。美国拥有许多能耗标识体系,例如绿色标签(Green Seal),能源向导(Energy Guide)、能源之星(Energy Star)。同时,涵盖节能、节水、节材、节地等要求的绿色建筑评价标准也得到广泛应用,如美国的能源与环境设计先锋(LEED)、澳大利亚的建筑温室效应评估体系(ABGR)、日本的建筑物综合环境性能评价体系(CASBEE)和英国的建筑研究院环境评估方法(BREEAM)等。这些绿建评价标准更加侧重于建筑的整体能耗性能,而不是仅仅对单项系统或设备进行规定。

3. 针对建筑全生命周期的建筑调适市场机制

大多数大型公共建筑能耗过高的原因主要是缺乏有效的全过程管理方法和技术,最初的设计目标被不断淡化,工程质量和运行效果与设计预期严重不符,最终导致能耗过高。在上述问题背景下,“建筑调适”被认为是一种有效的方法,来确保建筑交付使用后期仍能够达到最初设计目标,并且能够始终高效运行。

4. 经济激励措施也是政府促进建筑节能管理工作的重要一环

它以最直观有效的方式对大型公共建筑节能运行管理工作起到了支撑作用。美国制定了一系列正向的减税政策来鼓励业主及投资方不断提高建筑节能运行性能;日本推行了一系列金融优惠制度鼓励大型公共建筑采用可再生能源系统和节能型设备。

9.1.1.3 配套技术手段

1. 开展广泛的能耗调查

发达国家很早就开始了全国范围内的公共建筑能耗调查,通过获得的数据建立完善的数据库,对日后的建筑节能工作奠定基础。英国在1976年就开展了对全国的工业和商业建筑进行全面的能耗统计的NDBS项目,美国也定期开展类似的全国范围内调查工作,日本的能源中心等相关部门每年都会进行建筑能耗调查,并公布部分建筑能耗数据。能耗调查工作是一切后续建筑节能工作开展的基础和科学参考,从宏观层面上起到了把控作用。

2. 开发能耗评估分析工具

较有影响力的软件工具有:日本能源管理支援工具及美国商业建筑规范校核软件(COMcheck-EZ Software)、公共建筑能耗评测软件(Benchmarking Electric & Non-Electric Energy Use in U.S. Office Buildings)、能源之星建筑能耗评价工具(Energy Star Benchmarking Tool)、加州建筑能耗参考工具(California Building Energy Reference Tool)。这些软件按其目的可分为三类:第一类是建筑能耗分析软件,如日本能源管理支援工具可以发现建筑物可能存在的能耗过高的问题并给出节能改造建议;第二类为节能标准对比软件,是将建筑设计方案与相应的节能标准进行比对,从而快捷地发现设计中的问题和缺陷,一般用于新建建筑设计阶段;第三类是建筑节能水平评估软件,如能源之星建筑能耗评价工具和加州建筑能耗参考工具,这类软件的使用可获得与同类建筑进行能耗比较的结果,让业主和使用者发现不足之处。

9.1.2 我国所面临的问题

我国在建筑节能领域取得很大进展,相关的节能政策和标准不断出台或更新,但在落实层面上的执行力度还远远不够。通过借鉴国外相关经验,并结合我国实际情况,将主要面临的问题和可选择的解决措施总结如下。

1. 资金困难

投资者为节能改造需付出高额的成本,却短期看不到收益,同时,政府及社会层面缺乏对其足够的补贴。可借鉴的解决措施:政府提供贷款补贴,退税等优惠政策,并通过提高能源价格等措施加强不节能的成本,同时建立建筑节能市场融资机制。

2. 潜在风险

由于第三方机构或业主自己的技术团队技术和施工上的缺陷导致改造之后并没有达到预期效果,所造成成本的浪费。解决措施:建立节能改造与调适相关标准,强化改造质量,提高对相关改造与调适服务商的资质认定标准,进而提高行业准入门槛。

3. 市场失灵

由于市场和产业化不健全造成的节能投资和收益不匹配,以及参与节能工作的各方信息不对称造成的市场监管的障碍。解决措施:设立相关标准规范监督市场过程,并给以市场一定自由度。

4. 用户行为障碍

企业低效的组织管理制度和个人节能意识的欠缺会对大型公共建筑高效运行带来负面作用。解决措施:加强相关人员的管理与培训,培养社会民众的节能意识。

5. 信息获取途径的缺失

业主和投资者缺乏对自身建筑节能潜力的了解。解决措施:提高节能技术的宣传力度,建立企业自身的技术团体。

这些问题在我国普遍存在。针对这些问题,采取专门的高效运营管理模式能够使相关工作事半功倍,随着运行阶段节能管理模式的推广和不断深入研究,会获得更加客观的收益,从而激发良性的节能服务市场。

9.2　高效运营管理措施

既有大型公共建筑目前存在一个棘手而现实的问题,当初设计的节能建筑并没有达到所谓的节能,而解决这一问题的关键在于落实节能管理措施。不过,针对不同的建筑类型和不同的阶段其措施大不相同。

9.2.1　节能管理措施

在强化政府干预职能,政策法规保障实施的基础上,建筑内部节能激励措施及管理模式的存在尤为重要。

在此过程中最核心的部分是落实好能源统计和能源审计机制,建筑管理部门需要对能耗进行定额确定,基于政府的政策规定能源审计部门要进行能源的审计并做出审计报告,通过审计报告进行整改和调整。在用能定额制度与审计制度基础上建立完善的建筑监督制度和工程质量监管体系,监督制度和监管体系不仅为建筑施工过程中进行质量把关,为施工人员做到安全的保障,而且在政府制定相关法律制度时能够提供了有效的建议,促进政府对各个利益相关体的监督作用。与此同时,完成用能分项计量装置安装并建立能耗监测平台网络,以便进行公共建筑能耗总体情况分析。

在施工方面,应该建立一个完整的评估指标和体系,通过建筑耗能、建造周期、绿色节能、资金成本等方面进行合理正确的评估,制定一个详细的施工细则,并实施工程质量监督体系进行验收等工作。同时,应该建立节能建筑的能耗标识,引导广大业主积极去实现节能建筑。

中国的既有大型公共建筑节能处于起步发展阶段,行业发展不成熟,管理体系和模式效率不高,因此应积极引导广大人才进入相关领域,建立高素质的管理团队,推动建筑节能改造的进步。

9.2.2 管理模式

既有大型公共建筑用能系统全过程运营管理的商业模式主要有两种:咨询服务模式和合同能源管理模式。

9.2.2.1 咨询服务模式

鉴于我国建筑节能市场的发展现状,咨询服务模式具体是指业主自己的技术部门作为顾问来调整方案并实施,由节能服务商提供相应技术支持。在此种模式下,所签订的为咨询服务合同,节能服务商根据工程进度,分阶段收取工程款,当全部完成后,业主交付所有款项。这种咨询服务模式的优点在于,相对于将整个工程外包,业主投资成本较小,由于是自己的技术团队负责,更能准确满足自身建筑节能高效运行需求。同时,其缺点在于,业主需承担达不到预期节能效果的风险,节能服务商并不提供工程结束后的后续服务。

9.2.2.2 合同能源管理模式

与分阶段的咨询服务不同,合同能源管理是业主将整个工程交于节能服务商,签订总承包合同。对于不具备技术能力的业主,通过这一手段,服务商承包所有工程,并对最终节能效果负责。节能服务机构给业主提供先进而优质的节能服务并通过节能效益回收来获得利润,形成一个良性的合作模式,从而推进节能建筑的普及。

在具体签订的合同中,主要包括以下两种方式。

(1)共享节能收益

节能改造成本由业主和服务商共同承担,当工程完成后,双方一致确认达到节能效果,则根据合同要求,对后期产生的节能收益进行分配。期间所有新安装的设备和系统的所有权均归为业主所有。此方式适用于投资高、回报高且较大规模的大型既有公共建筑高效运营工程。

(2)根据节能量付款

业主承担初始投资,服务商负责工程全过程和最终节能效果。当所有工程完成后,经双方一致确认达到节能量要求,业主则一次性或分期向服务商交付所有款项,若部分达到节能量要求,则按合同要求部分支付或不支付工程款。此方式适用于周期短、规模小的既有公共建筑高效运营工程。

9.3 高效运营管理技术

在宏观政策的管理和导向下,针对具体的既有大型公共建筑,需要依靠具体的管理技术来实现节能目标。本节将从各用能系统自动控制的角度出发,介绍最新的高效运营管理技术。

9.3.1　空调与通风系统

空调系统能耗占大型公共建筑总能耗的30% ~50%，而建筑的运行又会消耗社会约40%的能源。基于此，对空调系统进行能耗管理具有很高的必要性。空调在为建筑提供舒适的室内环境的同时也在消耗大量的能源，从冷热源到末端，在每个环节都会有大量的能耗。为此，近几年来，国内外的研究学者针对空调系统用能管理做了很多研究，并取得一系列的成果。

9.3.1.1　建筑功能分区确定和人员使用固定

对于典型的商业、教育类等已知工作和非工作时间安排的大型公共建筑，可采用一种使用智能主从控制架构的建筑空调能源管理系统，该系统利用已知的工作时间表通过相应地改变每个房间中的温度设定点来管理能量消耗率，避免了因空调持续运行而造成大量能源浪费。例如在学校中，基于课程安排、教师可用性和教室容量的预知性对空调系统能耗进行管理。

除了在时间上的控制，依据建筑空间使用功能的不同也可采用高效的控制策略。在Rezeka等人的研究中，其控制策略是将房间分为三个不同的组：非常重要的房间、重要的房间和普通房间。获得每个房间的最佳性能后，在不同的操作条件下将温度和湿度误差控制在可接受的范围内，节省冷/热水流量和房间的制冷/加热能力。同时针对不同人群交替使用的特点，可以利用未散出的冷空气或热空气来降低能耗。

上述大型公共建筑都具备以下特点：建筑功能分区明确且长时间不会改变；建筑室内占用率及占用时间固定；人员流动模式和活动类型固定。这类大型公共建筑的高效运营管理是基于自控系统的基础上，需要一定程度的人工控制设定，并且更改运行控制的成本投入低于相关设备系统的改造。

9.3.1.2　建筑功能分区不确定且人员流动

对于以商业建筑为典型的复杂功能大型公共建筑，高效节能的运行控制更多依赖于控制算法与自控系统的准确性和可靠性。由于人员和功能区的类型、活动和使用时长等特征无法准确预测，具体的实施手段将更为复杂。

建筑内不同功能区及房间的实时占用率的准确获取是空调系统节能运行的前提条件，基于实时占用率可以创建占用模型，用于使用需求导向的控制调节策略。此外，实时负荷的确定和预测是运行控制调节的依据，一旦确定了以人员使用需求为导向的控制调节目标，高效节能的运行管理则依靠完善的自控系统来实现。APOGEE楼宇自动控制系统就是典型的利用反馈调节改变空调运行策略的方式。

再者，用户的主观看法对于空调能耗的管理也至关重要，因此将用户的感受和见解纳入管理体系中也是需要考虑的一方面。Tushar和Yuen等人就提出了将用户对能源管理技术的态度和见解纳入公共建筑能源管理计划的设计中。

9.3.2 照明系统

目前,中国的照明用电量已占全国总发电量的12%。使用白炽灯泡时,只有约15%的电力被转换为光能。照明系统控制方式是照明节能设计的重要措施,可以从如下几方面考虑:充分利用自然光,减少开灯时间;对公共建筑宜采用集中控制,并采取分区、分组控制以利于节电;尽可能使用调光设备、时控开关等;个别地方单独设置开关等。

9.3.2.1 使用状态监测

类似于暖通空调系统,大型公共建筑不同区域的照明系统的使用时间安排和占用率将决定如何优化控制管理策略。与空调系统不同的是,照明系统的控制更多地取决于人的主观意愿。因此,实时监测某个功能区域的灯光使用率是节能运行的前提。

对于弱电系统统一管理的办公等类型建筑,建议使用PC的省电模式作为办公建筑未配备占用传感器的房间中的照明监测器,PC进入省电模式时意味着没有被占用,在灯具和PC之间建立映射关系以确定何时应该从PC的省电模式打开和关闭灯。另外,对于物业管理方,可使用一种基于DMX512协议的智能绿色能源管理系统,用户可以通过DMX512的通道根据从传感器接收的信息监视和控制LED灯和电源。此外,基于光度学理论,可以通过红色、绿色和蓝色LED混色的方法实现包括红色、绿色和蓝色光的不同颜色的光。

9.3.2.2 自动控制

对于既有大型公共建筑来说,照明系统往往存在设计上和设备选用上的缺陷。因此将单独照明审计作为照明系统高效运营管理的依据。建议优化策略如下:①将房间划分为小型虚拟房间并设计单独的、最适合该房间的照明方案;②用节能照明灯取代低能照明灯;③采用高度较低的低瓦数灯来维持必要的照明;④优化灯在使用位置的数量。由于人的行为具有主观不确定性,高效节能的照明系统的控制更倾向于可靠的自动控制系统。有学者提出了一种包括多通道调光器和一个中央处理单元以及一个精确的多通道反馈机制的智能系统,利用高效益技术将电能转换为照明能量,节省了大量应转换为建筑物照明能源的电能,从而管理建筑物中的照明能量。然而,单纯的自动控制并不能完美地契合用户的需求,应建立相关人机交互界面来加入部分人为控制能力。针对六种照明控制功能:占用控制、时间安排、日光控制、任务控制、个人控制和可变电源切断。既有大型公共建筑照明管理系统应具备两种模式:自动控制和个人控制。用户还可以通过照明管理程序和互联网Web服务器来控制系统。

9.3.2.3 利用自然光的自动控制

为了解决独立运行的照明系统能耗较高的问题以及最大化能量效率,大型公共建筑应充分利用自然光进行合理耦合。常见的方式为采用百叶窗自动控制日光,以充分利用日光来降低建筑照明能耗。另外,该系统可以通过与日光相关联来优化百叶窗管理系统,从而降低运行系统的能量成本。研究表明,百叶窗耦合控制照明系统能使建筑照明能源成本降低25%~32%,具体的数值要取决于环境影响。

9.3.2.4 关联空调系统的自动控制

在夏季,室内热负荷有很大一部分来源于照明灯光发热,若能够将具体的灯具发热排至室外,甚至进行回收利用,则可以间接地降低室内热负荷,从而达到照明系统和空调系统的联合节能运行。因此,有学者为了解决发光二极管照明的废热会增加夏季室内的冷负荷这一问题,提出了一种用于发光二极管照明的热管理系统,系统中具有与空调系统集成的热交换器模块,以将照明的废热移动到户外。结果表明,与传统安装的发光二极管照明相比,热负荷减少了19.2%。

9.3.3 电梯及动力系统

根据建筑中运行的多种设备能耗情况进行统计,电梯的能耗占整个建筑能耗的5%~15%。其能耗仅次于空调用电量,高于照明、供水等用电量,电梯已成为高层建筑中第二大耗能设备。国内外在电梯能耗的管理运营与控制方面做了许多研究,其目的大都为降低电梯运行能耗,并且高效低成本维护管理电梯运营。

9.3.3.1 节能技术

在既有大型公共建筑节能改造的过程中,电梯系统的改造或是老旧建筑的电梯的增设是很重要的一个环节。针对这个需求,有学者提出了一种基于直流(DC)微电网的电梯群节能方法,该方法不仅适用于既有公共建筑增设电梯的改造,也适用于现有电梯群的改造。

电梯系统具有垂直运行的特点,存在重力势能的转换过程,在反复运行的过程中存在不同形式的能量转化过程,这就提供了一部分建筑动力系统的节能潜力。基于此,相关研究提出了一种基于超级电容器的能量回收系统(ERS),该系统具有改进电梯控制和能量管理(PC&EM)功能,ERS通过双向DC-DC转换器连接到电梯电机驱动器的直流电路,用于存储然后恢复制动能量。除此之外,采用超级电容器还可以提高电梯效率,DC-DC转换器已用于连接不同电压水平的电源。通常在制动期间浪费的再生能源暂时存储在超级电容器能量存储装置中,并且当电梯电动机需要更多能量时将其再利用。另外,还可利用电能反馈技术,运用电梯的能量回馈系统来降低电梯的能耗,在电机发电状态下将额外的能量返回到电网实现能量回收。

9.3.3.2 运行调度策略优化

合理的电梯调度算法既能减少使用人员的等待时间,又可以有效降低运行次数达到节能的目的。因此,诸多的优化控制算法被提出旨在确保电梯系统高效运行管理。有学者研究了一天中的电价变化和乘客的可容忍等待时间,并建立算法旨在不增加乘客不满意的情况下将电费最小化。另外,控制算法及控制器的运行精度直接决定了电梯的使用效果。因此,有学者提出了一种集成了建筑升力系统中电机的最佳运行和直接转矩控制(DTC)的控制方法,其中的模糊PID控制器设计用于实现更小的过冲和更快的响应。

从提高用户使用体验的角度出发,可采用一种嵌入电梯群控系统的模糊专家系统,对电梯进行智能控制,改进调度方法。应用模糊理论,基于智能电梯控制系统中建立的两阶段模糊模型进行实时决策,实现束聚测量。在此基础上,有学者提出了基于计算数据不确定性的目的地登记的电梯群控系统(EGCS),该系统采用了混合算法,并结合了遗传算法的全局优化能力和局部快速收敛速度,它可以提高调度程序的效率。

9.3.4 输配系统

水力输配系统也是建筑系统中很重要的一环,其能耗问题是当今社会需要关注的方面。水资源效率对于水务公用事业至关重要,水务公司将水-能源关系定义为其优先领域之一,它也被认为是未来几年全球水市场面临的最重要的多科学挑战之一。在我国,目前建筑给水排水在节能方面存在的问题是管网超压、管道和配件漏水以及排水性能差。在建筑系统中,考虑为输配水管道节能可以从按经济流速选择管径、减小管长、降低局部阻力损失着手。

9.3.4.1 水泵高效运行控制策略

目前,先进的水泵控制方法都是建立在科学的、准确的控制算法的研究上。例如基于人工神经网络的智能控制配水系统,用于配置并联泵的配水网络,该系统的目的是使过程自动化并定义电动机的运行状态。实践结果表明,该系统在压力调节方面表现优异,减少水电消耗,降低维护成本,提高操作程序的可靠性。

9.3.4.2 水力输配管网高效运行控制策略

有学者提出了非结构化的智能解决方案,通过使用数据采集、水需求预测和网络水力模拟,最终通过数据提高了输配水网络的资源效率和环境绩效。此外,为了使配水系统实现最佳功能,采用由多标准优化的方法来支持决策过程,通过将小型供水网络连接到群组系统可以显著改善配水系统的功能。在众多的潜在工具中,使用遗传算法等元启发式算法的实现机制,提出了与组供水系统相关的配水系统功能优化方案,优化参数的作用范围包括水流速度的最大化、压头的调节、管网中水流保持时间的最小化和水泵能耗最小化。

9.3.5 基于物联网高效运营管理

物联网是一个基于互联网、传统电信网等的信息承载体,它让所有能够被独立寻址的普通物理对象形成互联互通的网络。得益于物联网技术的飞速发展,融合传统行业的特点和优势,使得许多行业的发展迈上了一个新台阶。

目前,物联网技术用于大型公共建筑用能系统的运营管理,它所要实现的目标如下:

1. 能源管理

通过可视化的能源地图,可以对整个建筑的总能耗、各系统分项能耗、耗水量或耗气量等进行全方位实时的查看,同时可以对不同时间段的能耗做出对比分析。

2. 在线监控

无须人工干预的用能系统监控具有准确且及时的特点,主要包括设备监控、室内环境监控、电力监控、能耗计费、故障报警等功能。

3. 数据分析

汇总后集中处理数据，以清晰简洁的图表等方式向使用者提供相关能耗信息。其中包括以下三点：历史能耗分析，根据用户需求对不同时间段进行针对性的分析，发现能耗异常点，提醒用户采取相应措施；能耗趋势预测，采用先进的预测算法，基于物联网技术所采集的全面数据对未来建筑能耗进行预测，为改进运营管理手段提供参考；能耗指标分析，这是衡量建筑是否高效运行的量化条件。

4. 信息反馈

物联网系统会定期为用户提供标准化的建筑运营管理报告，其中包括总能耗报告、分类能耗报告、同比能耗报告、环比能耗报告、能耗趋势报告以及问题诊断报告等。另外，通过人机交互界面，管理人员可任意检索数据库的相关信息。

5. 建筑综合信息管理

对于经过调适及节能改造的既有大型公共建筑，相关建筑信息需做到及时更新。除此之外，还应包括设备信息管理系统，包括设备制造商、型号、采购时间、额定参数、维护记录、实际运行工况等信息。

目前基于物联网技术的大型公共建筑运营管理系统不仅要把各用能系统和设备联系起来做到协调统一控制，而且要将相关数据信息汇总起来并及时更新，从而帮助运营管理人员做出最佳决策。同时它能够实现各系统节能高效的合理配置，并满足集中式信息处理和分布式控制的管理需求，以期在保证室内环境舒适度的前提下最大限度地降低能耗。

第 10 章　既有大型公共建筑用能系统全过程高效运营管理应用案例

10.1　政府办公建筑

1. 建筑基本信息

内蒙古建设大厦位于呼和浩特市新城区成吉思汗大街 15 号，业主单位为内蒙古自治区住房与城乡建设厅。整个大厦由两栋高层塔楼及裙房组成，塔楼 A 座设计为办公使用，B 座设计为酒店（局部为办公）使用；建筑图纸给出总建筑面积 9.46 万 m^2，地下 2.54 万 m^2，地上 6.92 万 m^2，塔楼 A 座建筑面积 34 256 m^2，塔楼 B 座 34 962 m^2，实际测算在用建筑面积 45 268 m^2，采暖及空调面积 29 757 m^2；建筑总高度 91.8 m，裙房 21.0 m，地上 21 层，地下 2 层（A 座）；塔楼采用钢筋混凝土框架 – 核心筒结构，裙楼采用钢筋混凝土框架 – 剪力墙结构，如图 10 – 1 所示。

图 10 – 1　建设大厦外观

建设大厦为政府办公建筑，建筑常驻人数约 400 人，工作日的运行时间为 9:00 ~ 17:00，2019 年更改为 9:00 ~ 17:30。目前建设大厦各项管理及运营工作均由机关事务管理中心和物业共同完成。

2. 技术实施

（1）建设大厦能耗数据采集系统建立

能耗数据采集系统主要工作包括以下几个方面。

图10－2　能耗数据采集系统计量设备

电力监测设备：加装电能功率表及互感器，监测范围包括建筑总电耗、各分项电耗、冷水机组电耗、水泵风机电耗。

流量监测设备：加装电磁流量计，监测范围包括空调系统冷却水、冷冻水流量，风机盘管支路流量，供暖系统高中低三区的一次供水和二次供水流量。

温度监测设备：加装热电阻，监测范围包括暖通空调系统各个关键部位。

所有改造加装设备通过RS485通信协议将采集数据实时传输至控制柜采集器；采集器通过网关将实时数据传输至服务器数据库；利用能耗采集平台可实现设备查询、通讯管理、能耗数据读取及展示功能，如图8－2所示。

(2)调适技术研究及运用

1)基移目标优化的既有公共建筑诊断方法

基于多目标优化的既有公共建筑诊断方法，如图10－3所示。

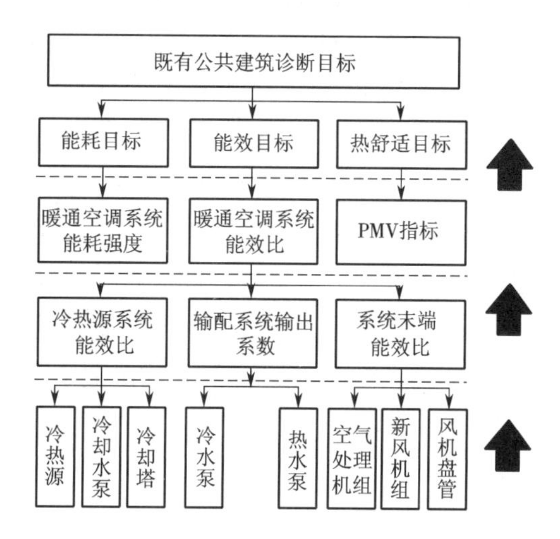

图10－3　既有公共建筑的多目标优化诊断方法流程图

通过对国内外既有公共建筑节能诊断方法的总结，建立一套完整的、规范的针对既有公共建筑暖通空调系统的诊断方法。

根据建立的诊断方法，对某既有公共建筑典型工况下的暖通空调系统能耗、系统运行参数（机组实际性能系数、水泵运行效率、风机能效比等）、室内参数进行连续性监测，分析系统能耗、能效以及人员舒适度的变化规律。

以暖通空调系统能耗、系统能效以及人员舒适度为目标，运用回归分析等统计学方法将上述三个目标与系统关键设备运行参数分别建立起统计学函数关系。

运用多目标粒子群优化算法，将已建立起的函数关系作为目标函数，通过对关键设备运行参数的寻优，得到运行参数的最优解以及所对应的目标函数值，通过决策者对目标函数的不同偏好进行最优参数的确定，最后通过优化结果与实测数据的对比验证诊断、优化的可靠性。

2）多目标现场快速建筑调适应用技术

供暖系统快速调适如图 10－4 所示。

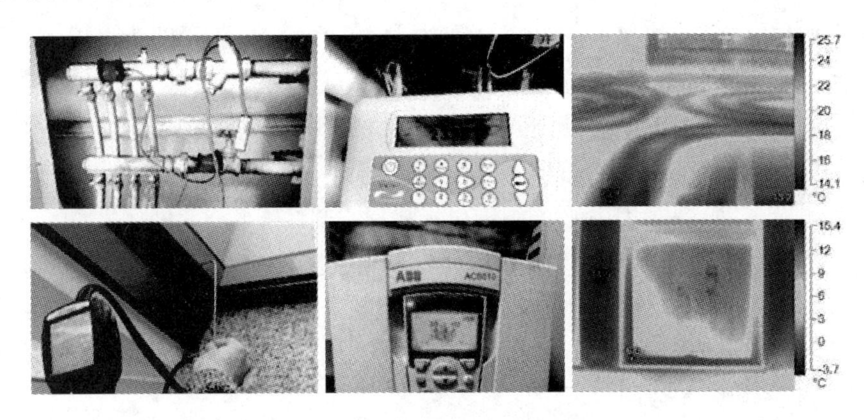

图 10－4　供暖系统快速调适

供暖系统快速调适包括根据室内实际测量温度，调节末端开度，将过热区域和过冷区域能量供给按实际需求负荷情况重新分配；不达标区域寻找围护结构及人员行为影响因素；根据室内、室外环境参数及人流量规律进行变频调节；与供热公司协议共同改进供热一次网调节策略。

空调系统快速调适包括：根据各楼层室内实际测量温度，调节环路阀门开度，将过热区域和过冷区域能量供给按实际需求负荷情况重新分配；不达标区域寻找围护结构及人员行为影响因素；根据室内、室外环境参数及人流量规律进行变频调节；结合呼和浩特市夏季气象实际情况，进行分楼层分区域自然通风与空调制冷结合使用模式；水泵变频调节降低流量，增大温差；机组故障诊断；建议业主单位改造阀门；建议业主单位改造管网使用冷却塔获取自然冷量。

3. 应用效果和结论

（1）建筑节能效果

图 10－5 和图 10－6 是低区循环水泵变频工作点和经调节后耗电变化曲线。在变频前后室内温度并没有明显的增加和降低，室温变化趋势与室外气象变化一致，因此整个变频过程对室内温度没有影响且节能效果非常明显，节能率为 60% 左右。

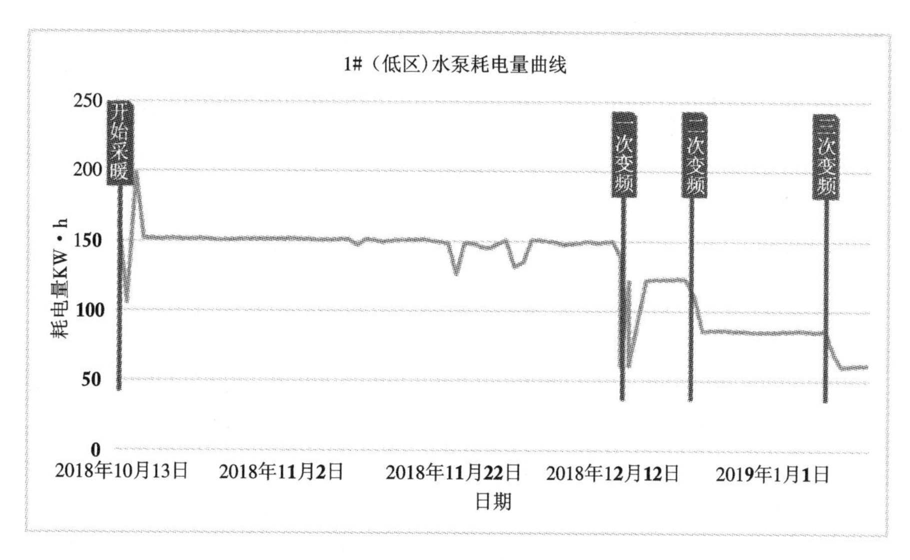

图10－5 低区水泵每日耗电量曲线

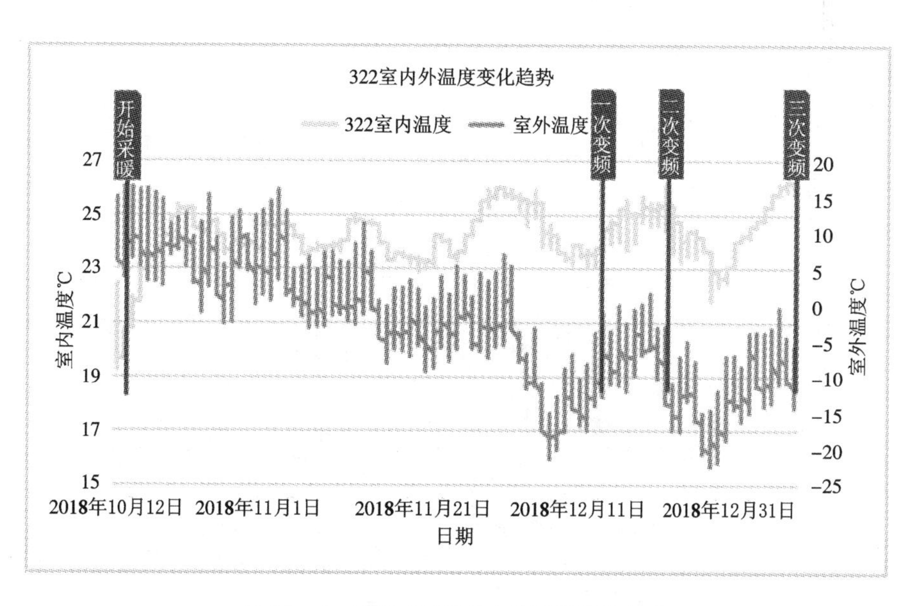

图10－6 322（低区）室内外温度变化趋势

（2）建筑室内环境质量提升

建设大厦裙楼及标准层中区是指楼层中部无外围护结构的房间区域。由于此区域房间热负荷较小，且地热盘管密度较大，冬季供暖时会产生过热现象，局部可达到27℃～28℃，严重影响人员正常工作并造成能源浪费。

采用末端节流，调整供给中区过热区域的地热盘管供回水流量，可达到增加温差，减小流量的作用，使过热区域室内温度降至正常范围内。此方式虽可以一定程度上平衡热量分配，但由于供给侧没有变化，并不能达到节能效果。此外，建设大厦供暖系统末端均为手动调节阀，并不具备精确且自动调节功能，暂时无法实现平衡热量分配目的，且不可与供给侧并网运行。

10.2 商业办公建筑

10.2.1 中建新塘

1. 建筑基本信息

中建新塘位于天津市滨海新区规划次干路五与国兴路交口西北侧，是一栋集办公、娱乐、文化展示等为一体的综合型建筑，并配有办公室、地下车库及餐厅，如图 10-7 所示。

建筑地下 1 层，地上 4 层，建筑高度 19.20 m，建筑面积约 9 864.89 m^2，在 2016 年 5、6 月份试运行，7 月份正式投入使用。

建筑运行时间大致是 9:00～17:30，建筑地下一层是机房、餐厅等；一层有办公室、多功能厅、儿童活动区等；二层有科技活动区、社区文化展区；三层有大办公区、休息室、会议室等；四层是办公室、会议室等。

图 10-7 中建新塘外观照片

2. 应用效果和结论

为分析中建新塘使用调试技术后的节能率，采用能耗模拟软件 DesignBuilder 对中建新塘建立模型，对其采用的低成本调试技术，包括照明功率密度、光伏发电和智能照明控制的使用分别按照实际值、《公共建筑节能设计标准》(GB 50189—2005)的规定值和 2015 标准的规定值进行设置。

(1)光伏发电投入使用的节能率

统计中建新塘各月光伏发电量如图 10-8 所示。

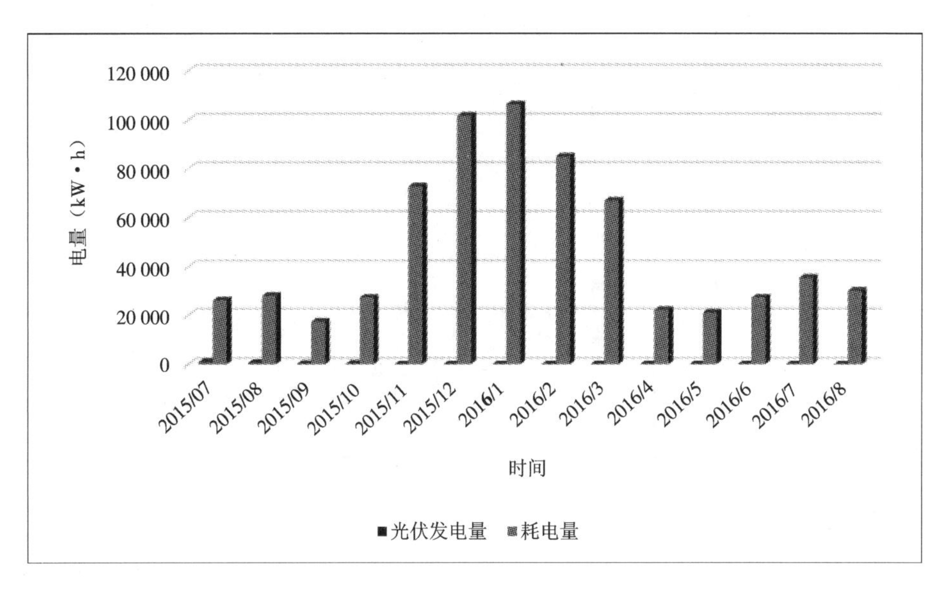

图 10－8　中建新塘逐月光伏发电量与耗电量的对比分析

中建新塘光伏板发电仅在 2015 年 7 月到 2016 年 8 月使用，其余时间未投入使用。测量使用期间内光伏板发电量为 2 025 kW・h，建筑总耗电量为 99 050 kW・h，将光伏发电投入运行，可实现节能率为 2%。

(2) 智能照明投入使用的节能率

在 GB 50189—2005 标准的基础上，使用智能照明控制前后的全年逐月能耗对比如图 10－9 所示。

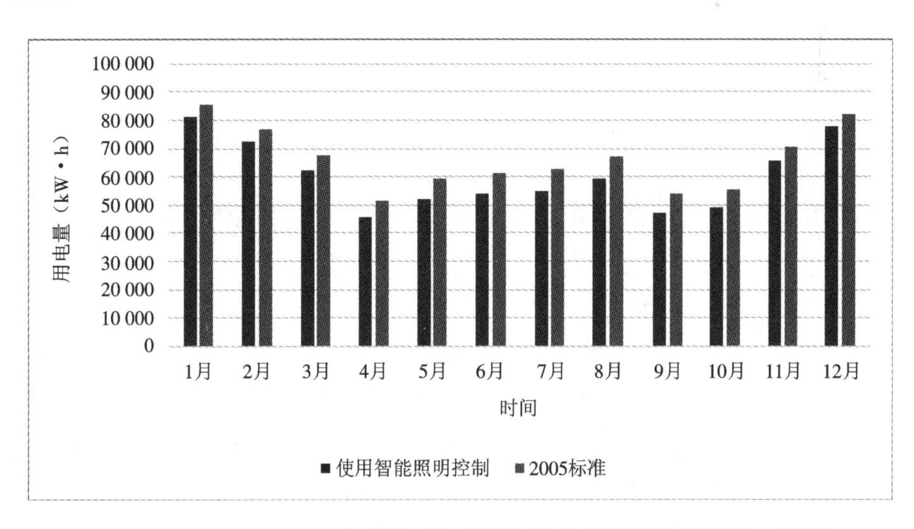

图 10－9　GB 50189—2005 标准基础上使用智能照明控制前后的能耗对比情况

从图 10－9 中可以看出，当在 GB 50189—2005 标准上使用智能照明控制后，全年逐月的能耗都有一定的降低，共减少约 72 102 kW・h，节能率为 9.1%。

(3) 降低照明功率密度的节能率

在保证建筑内各业态下工作人员所需照度的基础上，希望可以提升照明灯具的性能，降低其照明功率密度。参照 GB 50189—2005 标准，将模型中的照明密度改为标准规定值，照明功率密度修改前后的能耗对比情况如图 10 - 10 所示。

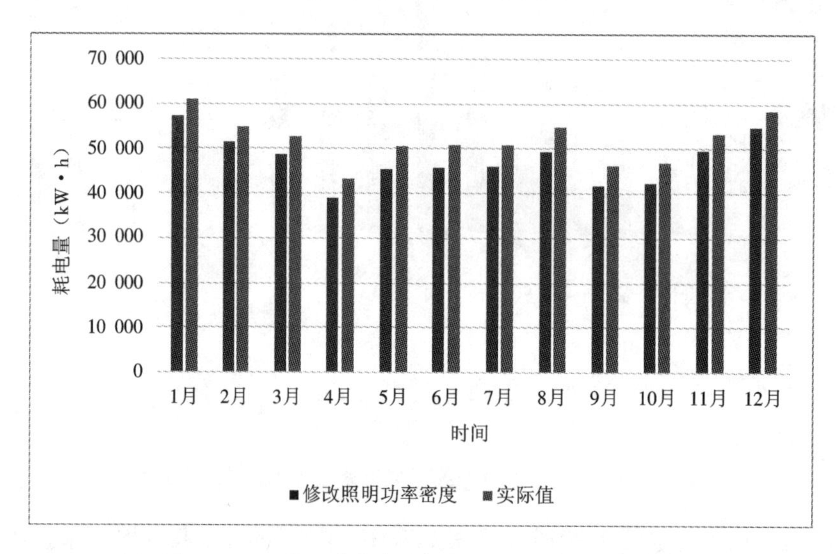

图 10 - 10 照明功率密度修改前后的能耗对比情况

从图 10 - 10 中可以看出，在现有基础上，降低照明功率密度后，全年逐月的能耗都有一定的降低，共减少约 53 097 kW · h，节能率为 8.5%。

10.2.2 新疆电子研究所科研楼

1. 建筑概况

(1) 建筑名称、地点、建成年代、建筑性质及业主单位

新疆电子研究所科研楼位于新疆维吾尔自治区团结路，建于 2011 年 4 月，是一所主要从事信息技术研究开发、推广应用和系统集成的高新技术机构建筑，隶属新建电子研究所有限公司。

(2) 建筑面积、高度、结构类型

该建筑面积约 12 000 m^2，建筑本体地上 8 层，建筑结构为钢筋混凝土构造。

(3) 建筑用能系统概况、楼层区域使用现状、运行时间等概况

建筑采用散热器供暖异程式热力系统，热水来自新疆和融热力下辖的北郊热力站，通过建筑热力入口向建筑内部散热器供暖。建筑有物联网研究室、云计算实验室、应用软件开发室、社会安全与管理实验室、系统集成实验室以及计算机房等功能房间，是集办公及科研于一体的综合办公楼。该建筑供暖系统运行时间为 10 月 15 日至次年 4 月 15 日，具体供暖时间会根据每年的天气情况进行微调。

(4) 建筑运营管理单位、管理模式、管理现状等概况

电子科研楼为新疆电子研究所有限公司所有，内部的供暖系统由新疆和融热力有限公

司下辖北郊医院热力站进行热量供应，并由和融热力对供暖系统一管到户，负责供暖系统的运行维护。

2. 技术应用

根据大型公建现有的智能供暖信息系统建设方案，以及现有公共建筑的供暖系统现状，充分考虑单体建筑——群建筑——热网——热源的耦合调控特性和集中监控的发展要求，以实现“大数据、大调度、系统调控”的思路和目标；大型公共建筑用能是动态变化的，则全过程高效运营目标是实现按需分配热量，既要实现按需个性化调控，又要有保证系统安全运行的技术方案措施。因此可以依托于大数据监控平台进行公共建筑供热精细化调控策略的相关研究。

3. 应用效果和结论

（1）建筑内部环境数据

在科研楼建筑内部典型供暖房间安装无线室温采集装置，以便反馈供暖系统在白天正常供暖时段供热效果，指导热力站按照舒适室温进行调控；在卫生间、楼梯间等不利位置安装室温采集装置，以便在夜间低温运行时触发系统防冻运行模式，确保科研楼供暖系统在夜间节能的同时也能安全防冻运行。未实施节能运行策略时供暖初期7天的室内环境温度见表10－1。实施节能策略后的室温情况见表10－2。

表10－1　未实施节能策略建筑室内环境温度

正常供暖时段室温（℃）		夜间节能时段室温（℃）	
最高室温	24.5	最高室温	23.2
最低室温	18.3	最低室温	17.6
平均室温	21.4	平均室温	20.4

表10－2　实施节能策略建筑室内环境温度

正常供暖时段室温（℃）		夜间节能时段室温（℃）	
最高室温	21.8	最高室温	19.6
最低室温	20.8	最低室温	16.4
平均室温	21.3	平均室温	18.0

（2）节能率分析或节能潜力分析

根据未实施改造前的实测数据，以整个供暖期室外空气温度为基准进行计算，则整个供暖期能耗约为0.343 GJ/(m^2·a)，根据实施夜间低温运行的低成本调适技术后的实际监测数据，仍以整个供暖期室外温度为基准进行计算，节能运行能耗约为0.305 GJ/(m^2·a)，潜力约为11.08%。因热力公司担心夜间低温运行出现不利位置冻管事故，在上位机平台设置触发防冻运行的室温限制均不低于16℃，保证夜间节能运行时段室温只降低到18℃左右。若选定合理的不利点作为公建系统防冻运行的触发温度，则建筑内部夜间进一步实施低温运行，节能量将更大。

(3)问题分析

①对科研楼办公建筑供暖系统进行公共建筑分时分温调控,办公建筑因白天和夜间的用热规律不同,很显然在夜间办公建筑可以低温运行维持不冻管即可。但在安全运行防冻的同时能最大限度地节能是关键。防冻检测有两个重要的问题,一是在实施过程中遇到以哪个位置的不利点温度作为防冻模式触发温度,二是在所有不利点安装的室温是否已经涵盖最不利温度。由此业主担心在夜间出现冻管现象,所以在运行时将触发低温报警的不利点室温设定均不低于16℃,因此限制了节能运行。

②另外,进行节能改造的科研楼是一个热力站下的其中一个建筑,如果公共建筑群均采用分时分温调控,那么带来的问题是这些公共建筑大部分均具有一致的用热规律,当同时采用分时分温调控时,对系统有较大的水力波动,如何能减缓水力波动也是一个关键问题。

10.3　校园建筑

10.3.1　天津大学北洋园校区

1. 建筑基本信息

各能源站A、B、C、D站供冷供热汇总表及设备情况汇总表如下所示。

表10-3　能源站供冷供热汇总

	服务面积(m^2)	供热面积(m^2)	供冷面积(m^2)	日峰值冷负荷(kW)	日峰值热负荷(kW)
能源A站	287 369.26	190 696	152 466	17 760	14 842
能源B站	252 161	233 061	—	—	12 072
能源C站	228 725.46	193 725	127 665	18 131	18 223
能源D站	285 239	260 299	—	—	23 435
合计		877 781	280 131		

为保证调研建筑功能的多样性及建筑数量的庞大性,选取天津大学新校区基础设施项目之能源站C(如图10-11)为调研项目,站房位置位于七星路以西,图书馆以北。能源站建筑面积1 592.61 m^2,建筑地上高度9.45 m。该能源站为学生活动中心、图书馆组团、第三学生食堂、第五学生食堂、第44教学楼、第45教学楼、第46教学楼、中区生活组团及图书馆、音乐厅预留地块等单体建筑提供空调冷、热源及供暖热源,服务面积为228 725.46 m^2,最大供冷、供热半径为725 m。

2. 技术应用

能源站夏季运行6台热泵机组,开启6台用户侧冷水泵;冬季为3台热泵机组和3台燃气热水机组联合供热,开启3台用户侧热水泵;夏季和冬季地源侧水泵的运行台数均为

图10-11　天津大学能源C站

3台。

由于夏季燃气热水锅炉不工作，只有热泵机组运行，所以对夏季热泵机组的能耗、地源侧水泵能耗、用户侧水泵的能耗进行逐日分类统计，测试调研的周期为一个月，如图10-12所示。

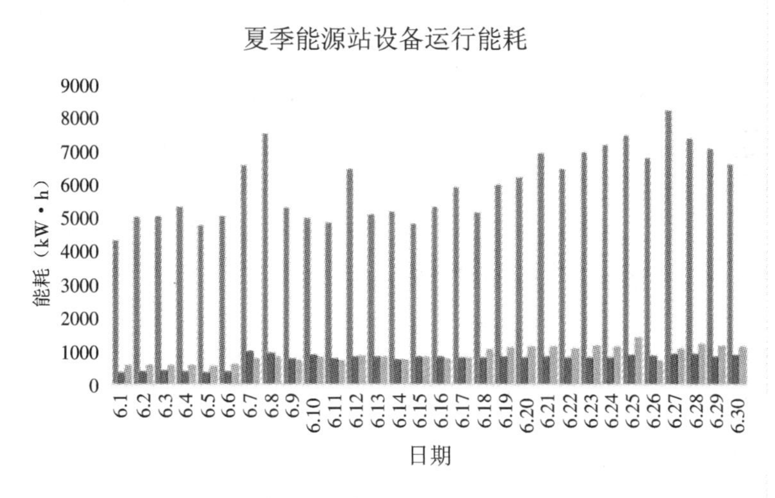

图10-12　夏季能源站各设备逐日运行能耗

夏季能源C站测试时间段为6月1日至6月30日，测试时间内能源C站机组运行时间为早8:00至晚20:00，将各个测试日内得到的逐时测数据求平均值作为该时刻的实验数据。夏季能源C站热泵机组、用户侧循环水泵、地源侧循环水泵逐时能耗如图10-13所示。

3. 应用效果和结论

能源站延迟时间的影响也是造成系统能耗值较高的另一个不可忽视的因素，通过考虑

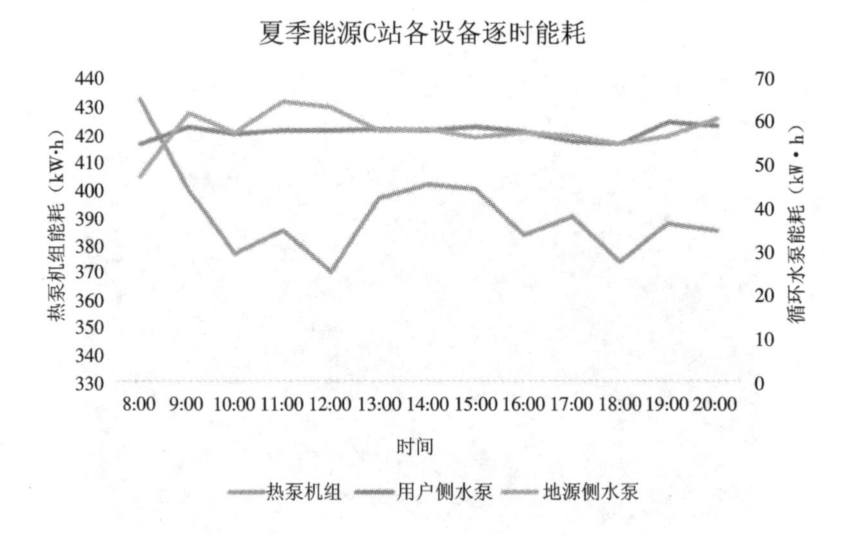

图 10－13　夏季能源站各设备逐时运行能耗

时间延迟作用，对能源站系统进行前馈控制，使得能源站出口介质参数与各建筑热力入口参数相匹配，最大程度上减少时间延迟对各建筑供热/冷的影响，保证建筑负荷与能源站提供的供热/冷量相匹配，达到按需供热/冷的目的。同时，由于区域能源系统管网复杂，管道较长、分支接口较多，保温层老化，导致保温效果下降，造成热水输送过程中热量损失，也是造成部分热用户入口处供水温度达不到能源站出口温度值的主要原因。故通过强化管道保温对系统节能也具有重要意义。

另外，本能源站系统在用户侧设置为变频水泵，而地源侧设置定频水泵，这是导致地源侧循环水泵在能耗上占比比较大的原因。对于冬季能源站系统的运行，虽然燃气热水锅炉系统耗电量较少，但是消耗的天然气较多，当转化为标准煤当量值时所消耗的能源也十分巨大，因此冬季运行时如何平衡热泵机组和燃气热水锅炉的启停台数及对热力输送方面使用余热余能回收利用方面还有一定的节能潜力。

10. 3. 2　浙江大学海宁校区

1. 建筑概况

浙江大学海宁校区位于浙江省海宁市，校区占地 1 200 亩，总建筑面积约 40 万 m^2。该校区于 2016 年 9 月正式开学投入使用。校区主要建筑包括湖东综合体、学术大讲堂、教室活动中心、西区书院等，如图 10－14、图 10－15 所示。

2. 技术应用

(1)全面的系统运行能效现状评估诊断

系统运行能效现状评估诊断，主要包括系统能耗记录、运行记录的收集整理分析以及通过对系统性能现场实测判断系统现状两方面工作。

记录整理方面，对系统完整一年周期内有记录的相关设备系统能耗数据，以及运行人

图10-14　浙江大学海宁校区实景图

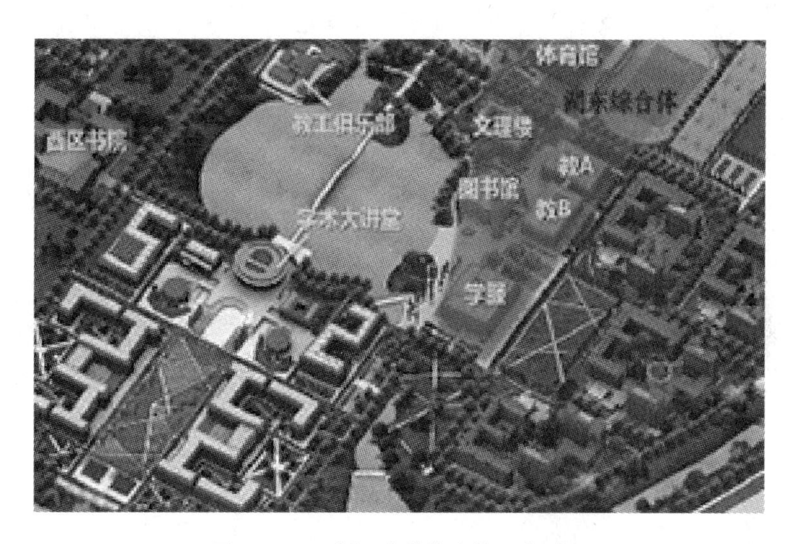

图10-15　浙江大学海宁校区鸟瞰图

员每天整理的运行记录进行集中汇总统计,查明系统各部分设备能耗占比、设备运行开启规律、系统整体负荷变化趋势等。现场实测方面,针对系统冷热源、输配系统、末端空调设备及末端空调效果这几方面,对诸如制冷机组 *COP*、水泵运行效率、空调机组送风量、室内温湿度等体现系统运行状况的参数进行现场测试,验证在典型工况下系统设备运行性能状况以及末端效果能否满足设计使用要求。

(2)针对系统运行核心问题进行优化调适与系统整改

针对通过系统评估诊断发现的问题,采用低成本的系统调适与整改方式提升和优化系统的运行能效表现。主要工作包括系统设备故障及遗留问题整改、空调水系统平衡性调适、末端风系统新风量调适、系统运行策略及设备维护保养计划优化等。

(3)系统优化效果验证

对经过调适整改优化后的系统运行情况进行抽查验证,与调试改造前的系统运行情况以及系统设计值、规范值进行对比,验证调试改造效果。

3. 应用效果和结论

根据对浙江大学海宁校区湖东综合体区域空调系统进行的评估诊断工作,针对过程中发现的系统设备及运行管理问题,开展了以下工作优化和提升系统运行能效表现。

(1)冷源系统二次水平衡调试

对综合体制冷系统部分负荷运行工况(螺杆机)以及现状高负荷工况(离心机)下分别进行水系统平衡调试,重新整定了二次泵开启频率以及运行工况状态,很大程度上解决了系统逆向混流以及二次侧水力平衡失调问题。经验证测试两种工况下二次水各支管流量较设计值偏差均在±10%范围内。

(2)风机盘管机组风管漏接、冷凝水管漏水整改

对校区内共计668台风机盘管机组进行了检查工作,并对其中存在问题的288台机组进行了风管漏风、漏接问题整改,对454台机组冷凝水漏水问题进行整改。经整改后对室内噪声的现场测试,室内噪声较整改前平均降低了3.9 dB,满足设计值要求,解决了因风管漏接造成的室内噪声较高的问题。

(3)组合式空调机组送风管漏风整改

鉴于在抽测过程中发现部分组合式空调机组送风量明显低于额定值,存在送风管漏风现象,对湖东综合体区域共计50台组合式空调机组进行了现场检测,查明了存在漏风现象的机组位置和数量,对其中漏风严重的部分设备进行了整改工作。经现场复测,整改后的空调机组送风量较整改前提升15%~35%,并且送风量均基本满足了额定值和使用要求。根据测试结果,在进行风管漏风整改工作后,三台组合式空调机组的送风量较夏季工况测试结果有了显著的提高,且基本接近或达到了“不低于额定值90%”的规范要求。

10.4 医院建筑

1. 建筑概况

建筑名称:天津医科大学总医院第三住院楼。

建筑地点:天津市和平区鞍山道154号。

建成时间:2010年。

建筑性质:医疗卫生建筑。

业主单位:天津医科大学总医院。

建筑面积:113 109 m^2。

建筑高度:99.075 m。

结构类型:钢筋混凝土框剪结构。

2. 技术应用

第三住院楼原有冷源设备为三台离心式冷水机组。三台冷水机组名义制冷量均较大,

使用过程中，一般仅开启一台冷水机组就能够满足楼内制冷需求，夏天最热时段极少数情况会开启两台机组。

由于三台机组制冷量均较大且相互之间差别较小，在供冷季初末期运行过程中，即使开启 K1 离心机组，其负荷率仍然较低，时常存在一天之内机组需要启停多次，长时间低负荷运行等情况，“大马拉小车”现象严重。该运行状况下，一方面机组效率较低，造成能源浪费，另一方面频繁启停及长时间低负荷运行，对机组寿命及运行安全也会产生较大影响。

为解决供冷初末期机组低负荷运行问题，并提高供冷中期开启机组组合的合理性及灵活性，第三住院楼于 2019 年供冷季之前，新增一台螺杆式离心机组，其名义制冷量为 1 479 kW，额定功率为 250.7 kW。

通过对第三住院楼制冷系统进行调研发现，第三住院楼制冷系统存在运行参数不可自动调节，自动化水平低，机组运行负荷率偏低等问题。

(1)机组运行负荷率偏低

对 2016 年制冷系统运行记录表进行分析，8 月份冷水机组运行日平均负荷率变化情况如图 10 – 16 所示。从图中可以看出，除 8 月上旬最热天机组日平均运行负荷率在 70% ~ 80% 外，其余时段日平均运行负荷率在 50% ~ 60%。7 ~ 8 月份属于室外气温较高月份，其余时间如 5 ~ 6 月、9 月等日平均运行负荷率将更低。

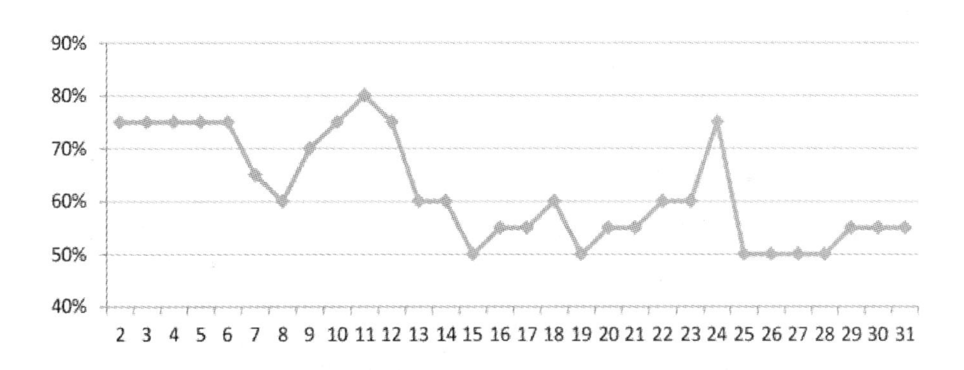

图 10 – 16　2016 年 8 月第三住院楼冷水机组日平均运行负荷率变化图

通过记录数据可以推断得到，冷水机组在 80% 以上的时间都处于低负荷运行状态。定频离心机组最高效率点通常在 75% ~ 90% 负荷，负荷降低，单位冷量能耗增加显著。

(2)系统运行参数不可自动调节

第三住院楼所有冷冻水泵均为恒频运行，冷水机组冷冻水出水温度为人为设定的恒定值，导致空调系统在运行过程中，无法采取有效的调节措施，使机组按照末端负荷的需要进行节能运行，从而导致空调系统运行能耗较高。

3. 应用效果和结论

(1)照明系统节能率分析

可以计算出对比 2018 年 8 月 1 日至 15 日，照明系统在 2018 年 11 月 1 日至 15 日节电 23 784.3 kW · h，折合每天节电量为 1 585.62 kW · h，计算表 10 – 4 如下。

表 10-4 照明系统节能量计算表

序号	时间段	耗电量(kW·h)	统计天数	日节电量(kW·h)	节能率
1	2018 年 8 月 1 日至 15 日	163 393.7	15	1 585.62	14.56%
2	2018 年 11 月 1 日至 15 日	139 609.4	15		

注:计算中未考虑冬夏季开灯时间变化及改造前坏灯率影响。

由日节电量可以计算得到,照明系统改造年节约电量约为 57.88 万 kW·h。

(2)供热系统节能率分析

计算出对比 2018 年 11 月 18 日及 19 日,供热系统在 2018 年 11 月 25 日至 26 日节电 1 871 kW·h,节能率为 37.87%。

根据第三住院楼换热站循环水泵额定功率、数量及运行时间等信息,可以得到其改造前在一个供暖季中耗电量约为 32.4 万 kW·h,据此则可估算出供热系统年节约电量约为 12.27 万 kW·h。

10.5 酒店建筑

10.5.1 北京四季酒店

1. 建筑概况

北京四季酒店位于北京市第三使馆区,西面是燕莎中心,南面是亮马河,地上 24 层(不包括设备层及屋顶水箱间),地下 3 层,高度约 98 m,建筑面积 7 万多 m^2,拥有客房 300 多间,酒店于 2012 年建成使用,如图 10-17 所示。

图 10-17 北京四季酒店外观

四季酒店地下部分为设备区域和酒店后勤办公区域,其分布为:B3 层主要为制冷机房、热力站、水泵房等设备用房;B2 层主要为变配电室;B1 层为酒店后勤办公区、中控室、员工厨房、洗衣房、锅炉房等。

四季酒店地上部分功能分区：F1 层主要为酒店大堂、厨房、后勤区保安部、安防及消防控制中心、夹层为后勤区人力资源部及培训部；F2 层主要为中餐厅及厨房、零售店、管理办公区；F3 层主要为意大利餐厅及厨房、多功能厅、会议室；F4 ~ F5 层主要为宴会厅、会议室、空调机房等；F6 层为游泳池、健身房等娱乐休闲区；F7 ~ F25 层为标准客房层；F26 ~ F27 层为总统套房层。

酒店空调系统采用四管制。酒店空调冷源由位于地下三层酒店制冷机房的冷水机组提供。机房设置三台额定冷量 2 954 kW 的水冷离心式冷水机组（其中一台为变频机组）。冷冻水设计供回水温度为 7℃/12℃，补水采用软化水。冷却水设计供回水温度为 32℃/37℃，水处理有加药装置，补水则采用自来水。

2. 应用效果和结论

根据酒店值班记录，酒店 2016 年 3 月 1 日至 9 月 16 日冷机用电 131.0 万 kW·h，冷却泵、冷冻泵、冷却塔及制冷机房附属设备用电 121.8 万 kW·h，去除冷却塔和机房附属设备的电耗，水泵电耗评估为 115.3 万 kW·h，冷机与水泵的电耗比值为 1∶0.88，表 10－5 为北京四季酒店制冷系统设备表，设计状态下，冷机、冷冻水泵、冷却水泵和冷却水塔为一对一模式，则冷机与水泵的设计电耗比为 1∶0.31，但实际运行中，系统绝大部分时间冷机都处于部分负荷运行，冷机的实际电耗会比额定功率小很多，冷冻水一次泵及冷却泵为定频运行，冷冻水二次泵虽然安装有变频器，很多时候也是工频运行，再加上设计留有的裕量，实际功率会大于额定功率，实际的冷机与水泵的电耗比值会大于设计值。可以看出冷机与水泵的电耗比值为 1∶0.64。

表 10－5　制冷系统设备表

序号	设备名称	数量	功率（kW）	备注
1	制冷机	3	590	
2	冷冻水一次泵	4	37	三用一备
3	冷冻水二次泵	4	55	三用一备
4	冷却泵	4	90	三用一备

图 10－18 为北京地区三家酒店的 HVAC 系统分项电耗的统计结果，从图 10－18 可以看出，水泵的电耗都远小于冷机的电耗。北京四季酒店的冷机与水泵电耗大致相等，即使考虑到冬季冷却塔免费制冷时冷机不运行的情况，水泵的全年电耗也是偏高的。通过分析北京四季酒店 2016 全年制冷机房电耗数据，采用一些优化运行措施如冷却泵变频控制和提高冷机运行效率，预计每年可节约能耗 35 万 ~45 万 kW·h，而且该部分改造的投资回报期一般小于 3 年。

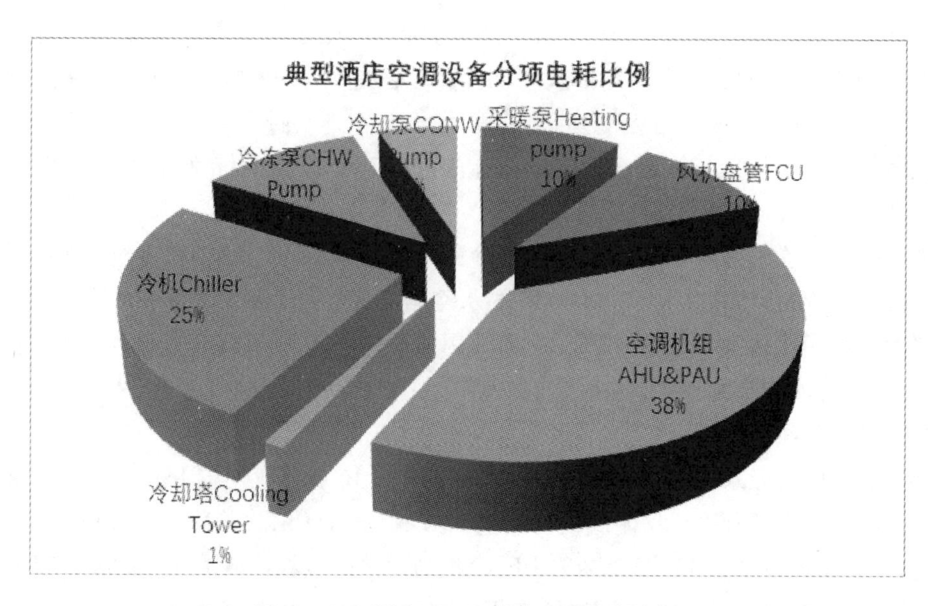

图 10-18 酒店 HVAC 设备分项电耗比例

10.5.2 海口鲁能希尔顿酒店

1. 建筑概况

酒店建成于 2014 年，占地面积 8.2 万 m^2，总建筑面积 7.8 万 m^2，地上 5.8 万 m^2，地下 2 万 m^2，其中地上 9 层，地下 1 层，建筑高度 39.4 m。酒店拥有 443 间景观客房，32 个多功能会议厅及活动场地，包括 1 600 m^2 无柱宴会厅，一间演讲厅与一间视频会议室；3 个室外游泳池，其中一个是可在冬季使用的恒温泳池，并提供三个温泉按摩泡池。属于五星级酒店，由希尔顿集团运营管理，拥有设施完备的健身中心、水疗中心及大型儿童游乐中心，为宾客提供全方位的休闲度假服务，如图 10-19 所示。

图 10-19 海口鲁能希尔顿酒店外观

酒店现有空调系统总制冷量9 MW、总制热量3.2 MW、热水热回收量4.2 MW。主要空调设备有:克莱门特制冷剂 HFC－134a 的水冷部分热回收四压缩机四回路螺杆冷水机组 CSRH5504C-D-Y 3 台、风冷双压缩机双回路全热回收螺杆热泵 CSRAN2722－R-Y 4 台、南京赛莱默卧式离心泵(功率45 kW)4 台、冷却塔(15 kW)3 台等。表10－5 给出了酒店空调系统的主要设备一览表,其中空调系统采用3 台克莱门特 HFC－134a 部分热回收螺杆冷水机组制取冷冻水,单台额定制冷量为1 935.3 kW,额定输入功率为378.5 kW,额定热回收量163.5 kW,EER 为5.11;采用4 台风冷全热回收螺杆热泵机组用于制取生活热,单台额定制冷量为742.2 kW,额定输入功率为188 kW,额定热回收量918.9 kW;冷却水泵采用4 台卧式离心泵,单台额定功率为45 kW,互为备用;冷冻水泵采用四台卧式离心泵,单台额定功率为55 kW,互为备用。客房内普遍采用风机盘管＋新风系统,室内风量可以按“高－中－低”三挡进行调节。

2. 应用效果和结论

空调系统用电量占总用电量的比例为50.9%,其中空调机组和末端分别占49.5%和28.1%;机组经常处于低负荷运行状态,平均负荷率仅68.6%,节能潜力巨大。

冷水空调机组节能潜力分析如下。

①冷水机组为了保证安全运行,对冷冻(冷却)水都有一个下限流量限制。当负荷率低、冷水机组启动台数多时,为了保证冷水机组的安全,冷冻水量和冷却水量均较大。此时通过对冷水机组的运程群控调适,减少冷水机组的启动台数,可以有效减小冷冻水泵和冷却水泵的水量需求,降低水泵能耗;

②每台冷水机组的冷冻和冷却水路的电动阀,应跟随冷水机组的启动而启动、停止而停止。如果冷水机组已经停止运行,而其冷冻和冷却水路的电动阀未关闭,将造成冷水机组侧大量冷冻水和冷却水的旁通,增加了水泵的无效能耗。通过对电动水阀的运程控制,能有效杜绝这部分无效能耗。

冷却水与冷冻水系统节能潜力分析如下。

①根据流体的特性,空调系统中冷凝器冷却水侧的换热效果跟管网水量的0.8 次方成正比,当管网水流量达到一定值以后,继续增加水流量对冷水机组的换热效果没有太大改善;而管网阻力损失却跟管网水量的2 次方成正比,因此存在一个优化控制调适的问题,可以通过冷却水泵的变频控制,适当地减小管网水量,在冷水机组能耗增加很小的前提下,减少冷却水泵的能耗,从而降低系统的整体能耗。

②一台冷却水泵变频和多台工频组合运行方式的运行效果比全部采用变频方式的投资少、运行稳定。理论上部分变频的节能效果不优于全部变频,但全部变频时系统经常出现耦合震荡,且定压差控制下冷却水系统的管路特性会发生变化,即使冷却水泵全部采用变频,水泵也并非一直处于最佳效率工作点,总体节能效果和一台变频相差不大,因此采用一台变频和多台工频既能保证节能效果,也能保证冷却水系统的稳定运行。

参考文献

[1] RAMESH T, PRAKASH R, SHUKLA K K. Life cycle energy analysis of buildings: an overview[J]. Energy & Buildings, 2010, 42(10): 1592 - 1600.

[2] TUOMINEN P, KLOBUT K, TOLMAN A, et al. Energy savings potential in buildings and overcoming market barriers in member states of the European Union [J]. Energy and Buildings, 2012, 51: 48 - 55.

[3] PILAVACHI P A, ROUMPEAS C P, MINETT S, et al. Multi-criteria evaluation for CHP system options[J]. Energy Conversion and Management, 2006, 47(20): 3519 - 3529.

[4] WANG J J, JING Y Y, ZHANG C F, et al. Integrated evaluation of distributed triple-generation systems using improved grey incidence approach [J]. Energy, 2008, 33 (9): 1427 - 1437.

[5] PÉREZ-LOMBARD L, ORTIZ J, GONZÁLEZ R, et al. A review of benchmarking, rating and labelling concepts within the framework of building energy certification schemes [J]. Energy & Buildings, 2009, 41(3): 272 - 278.

[6] WANG S, YAN C, XIAO F. Quantitative energy performance assessment methods for existing buildings[J]. Energy and buildings, 2012, 55: 873 - 888.

[7] KATIPAMULA S, BRAMBLEY M R. Methods for fault detection, diagnostics, and prognostics for building systems: a review, part II[J]. HVAC&R Research, 2005, 11(2): 169 - 187.

[8] TUKIA T, UIMONEN S, SIIKONEN M L, et al. High-resolution modeling of elevator power consumption[J]. Journal of Building Engineering, 2018, 18: 210 - 219.

[9] SAATY TL. The analytic hierarchy process[M]. New York: McGraw-Hill, 1980.

[10] AHMED S S, IQBAL A, SARWAR R, et al. Modeling the energy consumption of a lift [J]. Energy and Buildings, 2014, 71: 61 - 67.

[11] TUKIA T, UIMONEN S, SIIKONEN M L, et al. Explicit method to predict annual elevator energy consumption in recurring passenger traffic conditions [J]. Journal of Building Engineering, 2016, 8: 179 - 188.

[12] YU W, LI B, JIA H, et al. Application of multi-objective genetic algorithm to optimize energy efficiency and thermal comfort in building design [J]. Energy and Buildings, 2015, 88: 135 - 143.

[13] DELGARM N, SAJADI B, KOWSARY F, et al. Multi-objective optimization of the building energy performance: a simulation-based approach by means of particle swarm optimization (PSO)[J]. Applied Energy, 2016, 170: 293 - 303.

[14] DELGARM N, SAJADI B, DELGARM S, et al. A novel approach for the simulation-based optimization of the buildings energy consumption using NSGA-II: case study in Iran[J]. Energy and Buildings, 2016, 127: 552 - 560.

[15] KATIPAMULA S, BRAMBLEY M R. Methods for fault detection, diagnostics, and prognostics for building systems: a review, part I[J]. HVAC&R Research, 2005, 11(1): 3 - 25.

[16] FERRETTI N M, GALLER M A, BUSHBY S T, et al. Evaluating the performance of diagnostic agent for building operation (DABO) and HVAC-Cx tools using the Virtual Cybernetic Building Testbed[J]. Science and Technology for the Built Environment, 2015, 21(8): 1154 - 1164.

[17] PEARL J. Probabilistic reasoning in intelligent systems: networks of plausible inference [M]. Amsterdam: Elsevier, 2014.

[18] Lawrence Berkeley National Laboratory, university of Illinois, university of California. EnergyPlus1. 1. 0 Manual[M]. California: LBNL in Berkeley, 2003.

[19] MACKAY A. Climate change 2007: impacts, adaptation and vulnerability. Contribution of Working Group II to the fourth assessment report of the intergovernmental panel on climate change[J]. Journal of Environmental Quality, 2008, 37(6): 2407.

[20] ROTH K, LLANA P, WESTPHALEN D, et al. Automated whole building diagnostics[J]. Ashrae journal, 2005, 47(5): 82.

[21] CRAWLEY D B, LAWRIE L K, WINKELMANN F C, et al. EnergyPlus: creating a new-generation building energy simulation program[J]. Energy and Buildings, 2001, 33(4): 319 - 331.

[22] DENNIS R, LANDSVERG, RONALD STEWARD. Improving energy efficiency in buildings [M]. Albany: State University of New York Press, 1980.

[23] AFRAM A, JANABI-SHARIFI F. Theory and applications of HVAC control systems-A review of model predictive control (MPC)[J]. Building and Environment, 2014, 72: 343 - 355.

[24] HERZOG P. Energy-efficient operation of commercial buildings[M]. New York: McGraw-Hill, 1997.

[25] HELMBRECHT J, PASTOR J, MOYA C. Smart solution to improve water-energy nexus for water supply systems[J]. Procedia Engineering, 2017, 186: 101 - 109.

[26] AL-SAADI S N J, RAMASWAMY M, AL-RASHDI H, et al. Energy management strategies for a governmental building in Oman[J]. Energy Procedia, 2017, 141: 206 - 210.

[27] JIANG Q, CHEN J, HOU J, et al. Research on building energy management in HVAC control system for university library[J]. Energy Procedia, 2018, 152: 1164 - 1169.

[28] OPOKU R, EDWIN I A, AGYARKO K A. Energy efficiency and cost saving opportunities in public and commercial buildings in developing countries: the case of air-conditioners in

Ghana[J]. Journal of Cleaner Production, 2019, 230: 937 - 944.

[29] HUANG Y, NIU J. A review of the advance of HVAC technologies as witnessed in ENB publications in the period from 1987 to 2014[J]. Energy and Buildings, 2016, 130: 33 - 45.

[30] HEYDARI H, BATHAEE S M T, FEREIDUNIAN A, et al. Energy saving conception of smart grid focusing on air-conditioning energy management system[C]//2013 Smart Grid Conference (SGC). IEEE, 2013: 138 - 142.

[31] LIU G, XU Y, DAWEI D, et al. Energy consumption optimization of air conditioning based on building monitoring system[C]//2017 29th chinese control and decision conference (CCDC). IEEE, 2017: 4114 - 4119.

[32] REZEKA S F, ATTIA A H, SALEH A M. Management of air-conditioning systems in residential buildings by using fuzzy logic[J]. Alexandria Engineering Journal, 2015, 54(2): 91 - 98.

[33] DAI D, ZHANG J, XIE W, et al. Elevator group-control policy with destination registration based on hybrid genetic algorithms[C]//2010 international conference on computer application and system modeling (ICCASM 2010). IEEE, 2010, 12: 535 - 538.

[34] PAN DAWEI, YUAN YI, WANG DAN, et al. Thermal inertia: towards an energy conservation room management system[P]. INFOCOM, 2012 Proceedings IEEE, 2012.

[35] LI Z, JIA P, ZHAO F, et al. The development path of the lighting industry in mainland China: Execution of energy conservation and management on mercury emission[J]. International Journal of Environmental Research and Public Health, 2018, 15(12): 2883.

[36] Environmental informatics; Reports on environmental informatics findings from Q. W. Chen and Co-Researchers provide new insights (saving water and associated energy from distribution networks by considering landscape factors in pressure management and use of district ...)[J]. Computers, Networks & Communications, 2018.

[37] Energy; Findings from Tongji University update understanding of energy (A novel reconstruction approach to elevator energy conservation based on a Dc Micro-grid in high-rise buildings) [J]. Energy Weekly News, 2019.

[38] HE Z, LIAO J. Research on elevator energy feedback based on active inverter[C]//2015 4th international conference on mechatronics, materials, chemistry and computer engineering. Atlantis Press, 2015.

[39] 陈伟珂,高懂理. 公共建筑运行节能管理研究[J]. 煤气与热力,2008,28(9): 20 - 23.

[40] 陆毅,赵金辉,徐斌,等. 高层宾馆建筑用水调查与节水措施探讨[J]. 给水排水,2015,51(11):70 - 73.

[41] DGTJ - 08 - 2137 - 2014 上海市房地产科学研究院. 既有公共建筑节能改造技术规程[S]. 上海:同济大学出版社,2014.

[42] 吕文辉. 基于多目标优化的既有公共建筑诊断方法研究[D]. 天津:天津大学,2018.

[43] 刘昭亮. 供热空调系统节能诊断研究[J]. 企业导报,2016(1):77,91.
[44] 潘康康. 广州地区某办公楼暖通空调系统节能改造设计[J]. 建筑热能通风空调,2019,38(4):52 -54,59.
[45] 张中方. 智慧照明能耗管理平台在智慧城市中的应用[J]. 智能建筑与智慧城市,2017(12):93 -96.
[46] 李怀,徐伟,于震,等. 某超低能耗办公建筑照明能耗分析[J]. 建筑科学,2017,33(12):51 -56.
[47] 罗涛,燕达,江亿,等. 办公建筑照明能耗模拟方法研究(下)[J]. 建筑科学,2017,33(6):123 -129.
[48] 周士伟. 智能照明系统节能控制的研究[D]. 成都:电子科技大学,2017.
[49] 周玉婷. 办公建筑智能照明设计及其能耗管理方法研究[D]. 北京:北京林业大学,2016.
[50] 王士琴. 电梯能耗测量与能效评价方法的研究[D]. 上海:上海交通大学,2009.
[51] 田宇. 关于既有建筑给水系统节能改造的研究[J]. 居舍,2019(14):171.
[52] 黄渝兰. 重庆市既有公共建筑节能改造效果分析[D]. 重庆:重庆大学,2016.
[53] 董艳. 高层建筑给水系统的节能及优化设计研究[J]. 中华民居(下旬刊),2014(6):75 -76.
[54] 郭乃溶. 基于用水规律的办公建筑二次供水系统优化[D]. 天津:天津大学,2014.
[55] 祁郁. 基于模糊控制的电梯节能技术研究[D]. 沈阳:沈阳建筑大学,2012.
[56] 钱华梅. 变频调速恒压与变压供水[J]. 高职论丛,2009(3):26 -27.
[57] 靳丽俊. 居住建筑周护结构的保温节能[J]. 山西建筑,2008(19):233.
[58] 中华人民共和国国家统计局. 2012 中国统计年鉴[M]. 北京:中国统计出版社,2013.
[59] 中华人民共和国国家统计局. 2008 中国统计年鉴[M]. 北京:中国统计出版社,2009.
[60] 王增长. 建筑给水排水工程[M]. 5 版. 北京:中国建筑工业出版社,2009.
[61] 逄秀峰,刘珊,曹勇,等. 建筑设备与系统调适[M]. 北京:中国建筑工业出版社,2015.
[62] 中华人民共和国国家统计局. 2015 中国统计年鉴[M]. 北京:中国统计出版社,2015.
[63] 姚勇,孙丽丽. 关于我国公共建筑发展现状的思考[J]. 城市建设理论研究(电子版),2011,(25).
[64] 王海山,王丽,郭喜宏. 我国建筑能耗现状特点及未来发展认识[J]. 城市建设理论研究(电子版),2016(22):81 -84.
[65] 徐飞,王斌. 公共建筑能耗监控及节能方案改善措施[J]. 建材与装饰,2019(21):140 -141.
[66] 杨秀,张声远,齐晔,等. 建筑节能设计标准与节能量估算[J]. 城市发展研究,2011,18(10):7 -13.
[67] 清华大学建筑节能研究中心. 中国建筑节能年度发展研究报告[M]. 北京:中国建筑工业出版社,2018.
[68] 刘迎新. 立法后评估方法论研究[D]. 济南:山东大学,2009.

[69] 秦广蕾,郭汉丁.既有建筑节能改造市场运行理论研究综述[J].建筑经济,2019,40(3):110-116.
[70] 董继伟,刘玉明,曹志成.基于效费比理论的绿色建筑方案比选研究[J].工程管理学报,2018,32(5):12-17.
[71] 胡苏.基于全寿命周期的既有居住建筑绿色化改造成本效益研究[D].西安:西安建筑科技大学,2017.
[72] 韩红丽,胡苏,冉浩然.既有居住建筑绿色改造增量成本及效益研究[J].价值工程,2017,36(4):45-48.
[73] 于新巧,陈征,汪汀,等.我国办公建筑用能行为现状调研与分析[J].建筑科学,2015,31(10):23-30,111.
[74] 徐鹏程,顾平道.谈国内外建筑节能研究现状[J].山西建筑,2015,41(22):184-185.
[75] 林立身,江亿,燕达,等.我国建筑业广义建造能耗及 CO_2 排放分析[J].中国能源,2015,37(3):5-10.
[76] 郑海宁.成本—效益分析法在农业财政支出绩效评价中的应用研究[D].保定:河北农业大学,2013.
[77] 刘建辉.天然气储运关键技术研究及技术经济分析[D].广州:华南理工大学,2012.
[78] 蒋习梅.节能成本分析法在节能技术评价中的应用[J].中国能源,2012,34(9):34-36.
[79] 叶斌.基于成本效益分析的公共图书馆经济价值评估研究[D].杭州:浙江大学, 2010.
[80] 吴祥生,付祥钊,谭平.重庆市既有公共建筑能耗调查分析[J].暖通空调,2010,40(1):8-13.
[81] 梁珍,赵加宁,路军.公共建筑能耗主要影响因素的分析[J].低温建筑技术,2001(3):52-54.
[82] 郑慧明,邹磊,徐祯祥,等.论蒸发温度和冷凝温度对制冷效率的影响[J].发电与空调,2013,34(2):32-35.
[83] 苏长满.变频控制冷水机组的性能研究[D].西安:西安建筑科技大学,2005.
[84] 苏为华.多指标综合评价理论与方法问题研究[D].厦门:厦门大学,2000.
[85] 薛会琴.多属性决策中指标权重确定方法的研究[D].兰州:西北师范大学,2008.
[86] 刘江岩.建筑空调系统动态用能评价与诊断方法及应用研究[D].武汉:华中科技大学,2018.
[87] 路建岭,麦粤帮.集中空调系统运营评价体系浅析[J].洁净与空调技术,2017(3):39-43.
[88] 赵荣义,范存养,薛殿华.空气调节[M].北京:中国建筑工业出版社,2008.
[89] 贺平,孙刚,王飞.供热工程[M].北京:中国建筑工业出版社,2009.
[90] 陆耀庆.实用供热空调设计手册[M].北京:中国建筑工业出版社,2008.
[91] 王汉青.通风工程[M].北京:中国建筑工业出版社,2007.

[92] 薛志峰,江亿. 既有建筑节能诊断与改造[M]. 北京:中国建筑工业出版社,2007.
[93] GB/T 17981－2007,空气调节系统经济运行[S]. 北京:中国标准出版社,2008.
[94] T/CECS 118－2017,冷却塔验收测试规程[S]. 北京:中国计划出版社,2000.
[95] GB/T 50243－2016,采暖通风与空气调节工程检测技术规程[S]. 北京:中国计划出版社,2016.
[96] 王清勤,唐曹明. 既有建筑改造技术指南[M]. 北京:中国建筑工业出版社,2012.
[97] 王朋. 建筑空调动态负荷计算分析[D]. 上海:上海交通大学,2007.
[98] 裴芳. 负荷计算方法浅析[J]. 低温与特气,2008,26(5):7－10.
[99] 于治森. 供热环网水力计算系统的设计与实现[D]. 大连:大连理工大学,2016.
[100] 吉淑敏. 变频变流量集中空调系统节能性分析[D]. 西安:西安科技大学,2012.
[101] 黄烜. 楼宇暖通空调自控系统的研究[D]. 武汉:湖北工业大学,2009.
[102] 崔蕾. 关于变电运行过程中常见的故障研究[J]. 商品与质量,2019(3):250.
[103] 张欢. 低压供配电系统在高层建筑电气设计中的可靠性探讨[J]. 装饰装修天地,2019(14):249.
[104] 曹勇,刘刚,刘辉,等. 国内外建筑调适技术的研究进展与现状[J]. 暖通空调,2013,43(4):18－29.
[105] 张美堂. 浅谈中央空调的主要组成部分及其维护保养[J]. 科技风,2013(9):44.
[106] 林永进. 空调系统运行管理人员培训模式探讨[J]. 价值工程,2012,31(4):261－262.
[107] 陈海波,王凡. 基于能耗分项计量数据的大型公建节能诊断方法及典型案例[J]. 建筑科学,2011,27(4):23－26.
[108] 罗涛. 照明控制模型在动态光环境与能耗模拟中的应用[C]// 中国照明学会. 2016年中国照明论坛:半导体照明创新应用暨智慧照明发展论坛论文集. 中国照明学会:2016:11.
[109] 张龙. 建筑电气系统故障诊断方法研究[D]. 北京:北京林业大学,2014.
[110] 肖少虎. 供配电设计在现代高层建筑中的应用探讨[J]. 中国高新技术企业,2017(11):76－77.
[111] 王跃军. 低压供配电系统中存在的问题与应对措施分析[J]. 中国高新技术企业,2017(11):269－270.
[112] 黄稳正. 试析高层建筑电气设计低压供配电系统的可靠性[J]. 绿色环保建材,2017(2):169.
[113] 慕生勇,李红昌. 电梯井道壁改造技术条件分析研究[J]. 机械设计与制造工程,2018,47(4):124－126.
[114] [日]三浦五雄,[日]滨冈尊. 现代系统工程学导论[M]. 北京:中国社会科学出版社,1985.
[115] 郭志勇. 系统电效控制技术及应用[M]. 北京:机械工业出版社,2009.
[116] 肖辉. 电气照明技术[M]. 北京:机械工业出版社,2009.

[117] 陈炳炎. 电梯设计与研究[M]. 北京:北京工业出版社,2015.
[118] 张斗. 高层建筑电气设计中低压配电系统安全性探讨[J]. 建筑工程技术与设计,2019(12):3097.
[119] 刘介玮. 关于变电运行常见故障及处理方法浅析[J]. 科技致富向导,2015(6):322.
[120] 周龙武. 供配电系统总体规划节能措施与变配电设计节能技术[J]. 科技资讯,2017,15(16):27-28.
[121] 何宏,刘芳,韩盛磊,等. 自动扶梯节能控制技术的研究[J]. 天津理工大学学报,2009,25(2):55-58.
[122] 孙关林,沈晓宇. 节能电梯及节能效果分析[J]. 浙江建筑,2007(4):51-52,55.
[123] 朱江. 地下铁道动力照明设计中降损节能措施的探讨[J]. 建筑电气,2002(4):39-42.
[124] 王宗军. 综合评价的方法、问题及其研究趋势[J]. 管理科学学报,1998(1):75-81.
[125] 张健民,杨华勇,陈刚. 变频调速技术在液压电梯速度控制中的应用[J]. 液压与气动,1997(5):9-10.
[126] 段晨东. 电梯控制技术[M]. 北京:清华大学出版社,2015.
[127] 姚泽华. 基于超级电容的电梯节能控制技术与能效评价方法研究[D]. 天津:天津大学,2012.
[128] 朱德文. 电梯群控技术[M]. 北京:中国电力出版社,2016.
[129] 赵金辉,陆毅,徐斌,等. 高层公共建筑超压出流调查与支管减压措施节水效能分析[J]. 给水排水,2016,52(11):69-72.
[130] 张鸣杰,杨静华,孙超,等. 室内照明的眩光计算和测量及控制[J]. 光源与照明,2016(2):14-16,43.
[131] 黄晨俊. 建筑供配电系统存在的问题及改进方案[J]. 统计与管理,2016(4):117-119.
[132] 郭晓彦. 浅析光导照明系统在建筑地下室采光中的应用及施工[J]. 科技与创新,2014(19):51-52.
[133] 林学山,廖袖锋,张元. 重庆公共建筑照明节能改造适宜技术研究及应用[J]. 重庆建筑,2014,13(6):42-44.
[134] 郑启萍. 高层建筑给水方案的选择与优化[D]. 合肥:合肥工业大学,2014.
[135] 周欣,燕达,任晓欣,等. 大型办公建筑照明能耗实测数据分析及模型初探[J]. 照明工程学报,2013,24(4):14-23.
[136] 庞锦龙. 建筑照明系统节能降耗技术措施研究[J]. 企业导报,2012(12):257-258.
[137] 张勤,宁海燕,傅斌. 高层建筑给水系统能耗构成和节能措施分析[J]. 中国给水排水,2007(10):92-96.
[138] 刘剑,侯冉,李晓刚,等. 电梯能耗的混合预测控制方法[J]. 沈阳建筑大学学报(自然科学版),2006(2):319-322.
[139] 杨国栋. 公共建筑照明系统的控制与节能[J]. 智能建筑与城市信息,2005(11):78

-82.
[140] 谭素霞,王友坤,薛梅,等.关于降低离心水泵能耗的研究[J].水利经济,2004(6):46-47,56-65.
[141] 吴持恭.水力学(上册)[M].4版.北京:高等教育出版社,2008.
[142] 刘加平.建筑物理[M].北京:中国建筑工业出版社,2000.
[143] 班广生.建筑围护结构节能设计与实践[M].北京:中国建筑工业出版社,2010.
[144] 李继业,陈树林,刘秉禄.绿色建筑节能设计[M].北京:化学工业出版社,2016.
[145] 崔艳秋.建筑围护结构节能改造技术研究与工程示范[M].北京:中国电力出版社,2014.
[146] 涂逢祥.建筑节能[M].北京:中国建筑工业出版社,2008.
[147] 张书婵.建筑节能及既有建筑节能改造探讨[J].甘肃科技,2011,27(24):142-144.
[148] 孙金金,李绅豪.既有建筑绿色性能诊断指标和实施方法[J].绿色建筑,2016,8(3):22-26.
[149] 吴利均.既有公共建筑节能诊断与改造研究[D].重庆:重庆大学,2009.
[150] JGJ 176-2009.公共建筑节能改造技术规范[S].北京:中国建筑工业出版社,2009.
[151] GB 50189-2015.公共建筑节能设计标准[S].北京:中国建筑工业出版社,2015.
[152] 郭杨.建筑节能检测与能效测评[M].北京:中国建筑工业出版社,2013.
[153] JGJ/T 177-2009.公共建筑节能检测标准[S].北京:中国建筑工业出版社,2010.
[154] 朱颖心.建筑环境学[M].北京:中国建筑工业出版社,2010.